Harold Bula Herazo
Jorge Gómez

Introducción a la Lógica de Programación

Harold Bula Herazo
Jorge Gómez

Introducción a la Lógica de Programación

Un enfoque orientado a objetos

Editorial Académica Española

Imprint
Any brand names and product names mentioned in this book are subject to trademark, brand or patent protection and are trademarks or registered trademarks of their respective holders. The use of brand names, product names, common names, trade names, product descriptions etc. even without a particular marking in this work is in no way to be construed to mean that such names may be regarded as unrestricted in respect of trademark and brand protection legislation and could thus be used by anyone.

Cover image: www.ingimage.com

Publisher:
Editorial Académica Española
is a trademark of
International Book Market Service Ltd., member of OmniScriptum Publishing Group
17 Meldrum Street, Beau Bassin 71504, Mauritius

Printed at: see last page
ISBN: 978-620-0-38418-8

HAROL BULA HERAZO
JORGE GÓMEZ GÓMEZ

INTRODUCCIÓN A LA LÓGICA DE PROGRAMACIÓN

SOBRE LOS AUTORES:

Harold Bula Herazo

Es ingeniero de sistemas, especialista en ingeniería de software y magister en software libre, profesor titular del departamento de ingeniería de sistemas y telecomunicaciones, ha dedicado 23 años a la docencia en la enseñanza de la programación en los programas de licenciatura en informática e ingeniería de sistemas de la Universidad de Córdoba.

Jorge Gómez Gómez

Ingeniero de Sistemas, Recibió grado de Magister en Ingeniería Telemática en la Universidad del Cauca Colombia en 2010, PhD en Tecnologías de la Información y Comunicaciones en la Universidad de Granada España en 2018, Docente tiempo completo del programa Ingeniería de Sistemas - Universidad de Córdoba, Miembro Rama IEEE. Líneas de investigación: Computación Ubicua y Servicios avanzados en Telecomunicaciones. Investigador Titular grupo de investigación SOCRATES – Universidad de Córdoba.

AGRADECIMIENTOS

Harold Bula:

A la Universidad de Córdoba por brindarme la oportunidad y todos los elementos necesarios para poder llevar a cabo este proyecto

Harold Bula:

A mi madre que estuvo y por siempre estará conmigo

A mi Esposa, hijos y hermanos que están todo el tiempo apoyándome

Resumen

La programación es una herramienta que le permite a los estudiantes innovar con las nuevas tecnologías, para esto se hace necesario tener sólidas bases de pensamiento lógico computacional que le permita comprender la forma como se resuelven problemas

Este texto comienza abordando la temática referente al diseño de clases, lo cual comprende el concepto de clase, sus elementos estructurales, las reglas y los estándares, los atributos, los métodos y la simbología seguida para realizar un buen diseño; todo a desde del planteamiento de problemas reales a los que se da soluciones basadas en clases. Esto permite que el lector comprenda el planteamiento del problema e identifica cada uno de los elementos necesarios para determinar la solución del mismo, lo cual implica que se debe caracterizar cada uno los elementos básicos de la programación orientada a objetos teniendo como meta en el diseño de la solución.

A partir de este diseño se comienza a caracterizar los datos del problema, la forma como se almacenan, su alcance en términos de tipos de datos, además se aborda el concepto de métodos, los tipos de métodos y su importancia dentro del diseño de una clase, se caracteriza la diferencia entre atributos y métodos, como se relacionan los métodos entre sí. Seguidamente se aborda la forma como los métodos de las clases deben interactuar con sus atributos, para lo cual se estudia la utilización de los parámetros en los métodos, su funcionalidad, como estos permiten refinar el diseño de la solución, todo esto con una introducción a la utilización del lenguaje java.

Enfocados en el dar relevancia y profundidad al concepto de programación orientada a objetos y mantener el enfoque de modelado se estudia el encapsulado y sus reglas, las especificaciones de accesibilidad de las secciones de una clase para protección de datos y la simplicidad de métodos que permiten mejorar el diseño de clases.

Con los elementos básicos ya estudiados comenzamos a abordar la implementación de las acciones que deben desarrollar los métodos para cumplir con sus tareas, es decir los conceptos de programación como es la asignación, las operaciones básicas y la forma como son implementadas en java, todo a partir del planteamiento del diseño de las primeras partes del libro, abordando los mismos ejemplos para llevarlos a su solución práctica en el lenguaje.

En el contexto de la programación la mayoría de las veces se nos plantean problemas donde es necesario la toma de decisiones para ejecutar una u otra acción, por tanto, para que diseñar e implementar los métodos que puedan realizar estas actividades se aborda el concepto de estructuras condicionales, enfocados en entender como es la secuencia de toma de decisión y su sintaxis en java. Se estudia el concepto de estructuras repetitivas como son el ciclo for y el ciclo while, su estructura, su funcionamiento y la forma como debe utilizarse, todo esto enfocado en entender cómo se controlan y como se ejecutan las iteraciones. Todo a partir de ejemplos que necesiten su uso.

Ya estudiado los elementos de diseño de clases como solución de problemas se plantea un capitulo donde se explica el uso de las clases a través de las instancias esto con el objetivo de que se puedan probar el funcionamiento de las soluciones planteadas, y empezar a interactuar con la sintaxis del lenguaje por medio de un entorno de desarrollo.

Por último, se plantea un manual de los pasos a seguir para poder crear un proyecto en NetBeans y los paso a seguir para probar la solución planteada como ejemplo.

TABLA DE CONTENIDO

INTRODUCCION

En el desarrollo de software a través del tiempo se han experimentado diferentes técnicas de programación las cuales han evolucionado desde la programación libre, pasando por la programación procedural hasta la programación orientada a objetos, pero siempre se ha presentado el problema de cómo se comienza a enseñar la lógica de programación teniendo en cuenta el tiempo necesario en la curva de aprendizaje hasta tener la capacidad de desarrollar un programa (Dupuy et al., 2003; White y Sivitanides, 2005; Chatzigeorgiou y Stephanides, 2002; Ishida et al. 1991). En algunas áreas se da la enseñanza del concepto de lógica a través de los algoritmos enfocados en la capacidad de interpretar el problema y poder generar una secuencia lógica que sea su solución, lo cual implica una secuencia de instrucciones que explican paso a paso y de manera concreta el problema, a través de sus entradas, procesos y salida, lo cual tiene un inicio y un fin. Esta metodología presenta al estudiante el inconveniente que al terminar de aprender los conceptos algorítmicos no tiene la capacidad de poder llevarlos a un computador, ya que es necesario a partir de ahí comenzar a aprender un lenguaje lo cual genera la necesidad de dedicar mucho más tiempo en el proceso de aprendizaje.

Con la introducción de la POO en el desarrollo de software se plantea la enseñanza de esta técnica después de que se tenga los conceptos algorítmicos, lo cual genera una disyuntiva dado que el estudiante tiene ya predefinida una forma de pensar en la solución de sus planteamientos problémicos, sumado a eso hay que ver la dificultad que agrega el hecho de tener que aprender un lenguaje de programación que responda a los requisitos de esta técnica de programación (Madsen, 1993).

Pensando en estos aspectos que se han visto en el tiempo que se ha abordado la enseñanza de la programación se plantea una necesidad de formar mejores desarrolladores donde el tiempo en la curva de aprendizaje se reduzca y se dedique el tiempo a la solución del problema aportando también herramientas implícitas de ingeniería de software en dicho proceso.

Por eso se plantea esta metodología que tiene como objetivo abordar la enseñanza de la lógica de programación desde la técnica de POO utilizando implícitamente un lenguaje de programación. Para lograr esto es necesario tener en cuenta:

1. Diseñar un contenido acorde con un curso de lógica de programación que tenga en cuenta estos aspectos
2. Definir explicaciones sencillas y claras que sean entendibles
3. Diseñar ejercicios y ejemplos básicos que sirva de apoyo en el aprendizaje
4. Evaluar el uso de esta metodología para determinar su desempeño en el proceso de aprendizaje

Estructura de enseñanza

Compresión del problema y Reconocimiento de sus elementos
En esta etapa se pretende que el lector comprenda el planteamiento del problema e identifica cada uno de los elementos necesarios para la solución del mismo, esto implica que se debe caracterizar los elementos básico de la programación orientada a objetos con enfoque en el diseño de la solución.

Diseño básico de solución de problemas
Con los elementos básico ya identificados, abordamos el enfoque de solución

de problemas a través del diseño de clases. profundizando en cada elemento necesario de la POO, desde qui ya se debe vislumbrar la solución del problema involucrando la utilización del lenguaje JAVA para la definición de la sintaxis básica.

Implementación de las clases

Se comienza a profundizar en el accionar de los métodos, la forma como ellos deben realizar sus tareas y como interactúan con los demás elementos de la clase. El lenguaje JAVA se comienza a utilizar con mayor profundidad.
Además, se introducen las reglas esenciales para el diseño de clases de la programación orientada a objetos.

Implementación de métodos y la lógica algoritmica de programación

En estos momentos comenzamos a estudiar la lógica de programación en términos de los algoritmos o instrucciones necesaria para que un método resuelva su tarea.
Enfocamos en los conceptos de toma de decisiones y el carácter programable de los métodos.
Se profundiza en el uso del lenguaje JAVA.

Utilización y Pruebas

Es indispensable que el lector sea capaz de probar que su solución funcione adecuadamente, para ello abordamos los conceptos de instancia y creación de aplicaciones, con un enfoque del modelo MVC sin necesidad que el lector profundice dicho modelo. Utilizando el lenguaje JAVA y el editor NetBeans

Este libro está organizado en 8 capítulos: Diseño de clases, en ese capítulo se aborda la temática referente al diseño de clases, lo cual comprende el concepto de clase, sus elementos estructurales, las reglas, estándares y la simbología seguida para realizar un buen diseño; todo a partir del planteamiento de problemas reales. En el capítulo de los datos se define el alcance en términos de almacenamiento o la capacidad de manipular la información. En el capítulo de implementación se explican como los métodos son los encargados de realizar las acciones necesarias que para que la clase funcione eficientemente. En el capítulo de encapsulado y acceso a datos se describe la técnica del encapsulado y como se acceden a los datos. En el capítulo de java y la implementación de métodos se utiliza este lenguaje de programación para resolver ejercicios y explicar su sintaxis y codificación. En el capítulo de condicionales y ciclos se explican en detalles las estructuras condicionales y repetitivas. En el capítulo de instancias se explica la materialización de una clase y finalmente el capítulo de experimentación, resultados y conclusiones se hace una experiencia de aprendizaje con grupo control y grupo experimental, para validar la metodología propuesta.

CAPITULO I

I. DISEÑO DE CLASES

En este capítulo abordaremos la temática referente al diseño de clases, lo cual comprende el concepto de clase, sus elementos estructurales, las reglas, estándares y la simbología seguida para realizar un buen diseño; todo a partir del planteamiento de problemas reales para los que daremos soluciones basadas en clases. La importancia de hacer énfasis en el diseño de clases, radica en que en programación orientada a objetos el bloque de construcción básico y fundamental para el desarrollo de software es el concepto de clases, del cual consecuentemente se desprende todo lo que podemos hacer con esta técnica de programación.

Por lo tanto, en el paradigma de orientación a objetos, no empezamos a realizar la solución de un problema haciendo código o estudiando de entrada un lenguaje de programación en particular, sino que más bien construimos en el "papel" un diseño de solución al problema, también llamado prototipo de solución, sin entendernos, en esta primera etapa, con los detalles de la codificación de dicha solución. Este prototipo de solución es abstracto y se constituye solo de clases y relaciones entre ellas. De esta manera una primera aproximación al concepto de clase, es que es una herramienta de diseño que nos permite modelar las características y requerimientos de un problema general para plantearle una posible solución computacional. Siendo entonces la clase la primera parte y base de dicha solución.

Esta primera característica del diseño, no solo es una etapa previa a la implementación, sino también una forma de saber con seguridad y precisión lo que debemos hacer en la codificación de la solución cuando lleguemos a implementarla. Por ello, el diseño de clases es similar a un mapa que nos orienta con exactitud sobre la solución computacional de un problema. Si se quiere, vale la analogía de considerar un diseño de clases como la maqueta con la cual un arquitecto construirá un edificio futuro. Así como la maqueta modela las formas, proporciones, estructuras, colores y demás detalles de la construcción de un edificio sin haber puesto el primer ladrillo, así mismo un diseño de clases nos puede especificar en detalle lo que la solución computacional debe tener para ser adecuada a un problema dado, sin haber escrito la primera línea de código. Continuando con la analogía anterior, tenemos que una vez realizada la construcción del edificio podemos verificar que cumple con todas las especificaciones de la maqueta con la que se realizó; así también en la solución implementada en un lenguaje orientado a objetos encontramos todas las características indicadas por el diseño de clase en la cual se basó.

1. La Clase

En la programación orientada a objetos un programa no es más que una colección cooperativa de objetos, que se relacionan e interactúan para prestar algún servicio específico; pero tales objetos a su vez son construidos con base en clases. La clase es entonces el bloque de construcción principal empleado por este paradigma de programación y se empela para diseñar objetos. En este sentido, una clase describe y modela las propiedades o características, servicios o funciones y comportamiento de un conjunto de objetos comunes; teniendo en cuenta claro está, que la clase representa el diseño de objetos (concretos o abstractos) identificados dentro del contexto de un problema que queremos resolver. Por esta razón, la clase es un concepto de diseño usado para modelar los requerimientos y solución de un problema de la realidad, identificando para ello un conjunto de atributos (propiedades o características) y de métodos (servicios, acciones y comportamientos) que en suma pueden constituir una solución para dicho problema.

1.1 Estructura de la Clase

Una clase estructuralmente está constituida por dos elementos: los atributos y los métodos. Al ser una clase una representación abstracta de un conjunto de objetos, queda claro que los atributos se corresponden con todas las características que describen a un objeto en particular, y que los métodos se refieren a las acciones que dicho objeto puede hacer; siendo importante considerar que por acciones entendemos las funciones o servicios que el objeto puede prestarnos; ya que en base a ellos podemos dar solución al problema.

A efectos de la representación seguida a lo largo de esta obra para el diseño de una clase, emplearemos la simbología propuesta en UML (lenguaje de modelado unificado), que sugiere el siguiente símbolo:

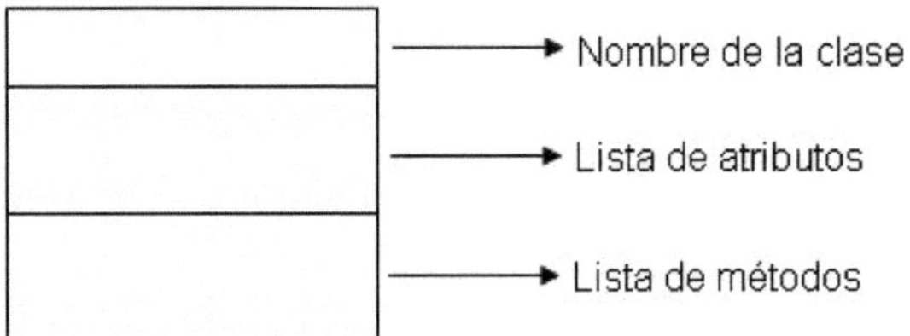

Donde podemos ver que UML define una clase mediante un rectángulo dividido en tres secciones: La sección superior se reserva para indicar el nombre de la clase. La sección del centro se usa para especificar todos los atributos que contiene la clase. Finalmente, la sección inferior está reservada para anotar la lista de métodos de la clase. Estudiemos ahora cada uno de estos elementos.

Es debido anotar que es el problema quien genera la clase y no lo contrario, dado que de las particularidades del problema y de su contexto mismo es de donde se abstraen las propiedades (atributos) y métodos (acciones) de la clase. Donde los atributos son las características propias del problema (datos necesarios) y los métodos son las acciones que debe ejecutar la clase para resolver el problema (manipulando los datos con las operaciones necesarias).

1.2 Los Atributos

Los atributos son las características o propiedades que la clase tiene para describir a un objeto. De modo que en el diseño de una clase declaramos un atributo por cada característica que identifiquemos en los objetos que modelamos con ella y que además son importantes para la solución del problema planteado. Piense en los atributos como el mecanismo que una clase tiene para almacenar los datos que describen al objeto que representa, considerando solo aquellas propiedades del objeto que son esenciales para el problema.

1.2.1 Identificador de un atributo.

Para analizar esta primera característica de los atributos, tomemos como ejemplo el diseño de una clase para modelar a un carro. Los atributos podrían ser la *placa*, la *marca*, el *color*, el *modelo*, el *kilometraje* etc. Como puede ver, todo atributo se especifica mediante un nombre, que debe ser único dentro del conjunto de atributos definidos en la clase; es decir, un buen diseño no contiene dos atributos con el mismo nombre. El nombre del atributo entonces, es el aspecto esencial que tomamos en cuenta para definirlo. Siendo las cosas así la clase *Carro* solo con sus atributos podría ser como sigue:

<table>
<tr><td>Carro</td></tr>
<tr><td>Placa
Marca
Color
Kilometraje</td></tr>
<tr><td></td></tr>
</table>

Caso I. Clase Empleado

Consideremos el problema de calcular el salario neto que devenga un empleado, teniendo en cuenta que el sueldo básico es el número de horas mensuales multiplicadas por el precio de la hora de trabajo; digamos además se le paga un subsidio de transporte del 5% de su salario básico. En el enunciado queda claro que para poder calcular el salario básico debemos conocer el número de horas trabajadas y el precio de cada hora. Con el salario básico obtendremos el subsidio de transporte y con la suma de estos dos conceptos hallamos el salario neto. Por esta razón, los atributos para una clase que describa este problema y pueda ser solución para él, serán la cantidad de horas trabajadas y el precio de la hora. Digamos que el nombre para nuestra clase será *Empleado* y que los atributos los llamaremos *NumHoras* (para el número de horas trabajadas) y *PrecioHora* (para el precio pagado por cada hora). Hay que tener en cuenta que al momento de darle un nombre (identificador) ya sea a la clase, a un atributo o a un método es recomendable relacionarlo con el concepto que queremos representar (a lo que comúnmente se le conoce como mnemotécnica). El diseño de la clase *Empleado* solo con sus atributos sería el siguiente:

<table>
<tr><td>Empleado</td></tr>
<tr><td>NumHoras
PrecioHora</td></tr>
<tr><td></td></tr>
</table>

Caso II. Clase Pago_Llamada.

Diseñar una clase para calcular el valor a pagar por una llamada telefónica, dependiendo del número de minutos que dura la llamada y del valor del minuto, el cual a su vez depende del tipo de destino de la llamada que puede ser $50 para local, $100 para nacional y $300 internacional.

Como podemos observar, el valor de la llamada depende inicialmente del número de minutos que esta dura, lo que representamos un atributo llamado *duración*. El valor del minuto es un dato calculado, pues depende del destino de la llamada y por la tanto el segundo atributo de la clase le llamaremos *destino*.

Así la clase que denominaremos *Pago_Llamada* con su lista de atributos es esta:

Pago_Llamada
Duracion
Destino

Caso III. Clase CalculadoraPiscina

Un fabricante de piscinas desea calcular los costos de una piscina, para cada una de las cotizaciones que le soliciten, teniendo en cuenta que el solo fabrica piscinas rectangulares. Para los cálculos a todas las piscinas se le definen las dimensiones de largo, ancho y la profundidad de la misma. Hay que tener en cuenta los siguientes aspectos

* La excavación del terreno tiene un precio por cada metro cubico
* Las paredes laterales se cobra el concreto a un valor por metro cuadrado.
* El concreto del piso se cobra a otro valor por metro cuadrado
* el enchape tiene un costo por metro cuadrado y es igual para el piso como las paredes.

* El costo de llenado de agua es de $50 por litro.
* El costo de los químicos es de $400 por litro, pero un litro alcanza para 1000 litros de agua.

Solución. En este problema se nos presentan una serie de datos explícitos como son el precio del litro de agua $50 y el precio de $400 por litro de químicos, lo que quiere decir que no es necesario que los coloque como atributos, en cambio se requieren otros datos como son las dimensiones de la piscina largo, ancho y profundidad, además:

el precio del metro cubico de excavación

el precio por metro cuadrado de concreto para paredes

el precio de metro cuadrado de concreto para pisos

el precio de metro cuadrado de enchape

CalculadoraPiscina
Largo
Ancho
Profundidad
PrecioMExcavacion
PrecioMconcretoParedes
PrecioMconcretoPisos
PrecioMEnchape

1.3 Los Métodos

Los métodos representan los servicios que la clase presta, es decir, dan respuesta al para que de la clase. De tal suerte, que la funcionalidad de una clase depende del conjunto de métodos que provea, por lo que los objetivos que debe cumplir una clase se plasman en el conjunto de métodos que tenga definido. De esta manera, cada método en una clase tiene asignada una tarea específica, que comprende todas las operaciones o actividades que el método debe hacer para cumplir su propio objetivo. Esto lo podemos ver de la siguiente manera: La clase en conjunto tienen un objetivo general y los métodos individualmente representan un objetivo específico, que en suma permiten lograr el objetivo general planteado para la clase.

De acuerdo a lo anterior, con los métodos modelamos el conjunto de acciones que realizan los objetos representados por la clase. De hecho, la manera en la que una clase se relaciona con otra es a través de la prestación de servicios entre ellas; lo cual se reduce a que los objetos de una clase ejecutan los métodos de objetos de otras clases. Por ello decimos que el comportamiento que exhibe un objeto es modelado por los métodos de su clase. Por supuesto que los métodos también deben tener un nombre, de modo que el identificador asignado a un método tiene que cumplir con las mismas características y requerimientos que aplicamos a los nombres de los atributos. Adicionalmente se recomienda que el nombre de un método guarde relación o señale con claridad cuál es la tarea que este va a realizar.

Continuando con el ejemplo de la clase *Carro*, los métodos de esta bien pueden ser encender, acelerar, frenar, bajar y subir vidrios entre otros. Estos métodos representan las acciones que cualquier objeto carro debe hacer y que están disponibles para su conductor; por lo que son algunas de las funciones que un carro puede ofrecer. Para efecto del diseño de las clases, con los métodos vamos a adoptar la convención de agregarles paréntesis () al final de sus nombres, con el ánimo de diferenciarlos con más claridad de la definición de los atributos. Así si por ejemplo, para la clase *Carro* el método frenar lo escribiremos como *frenar()*, el método acelerar lo anotamos como *acelerar()* y así sucesivamente. Hecha esta aclaración, presentamos el diseño de la clase carro con sus atributos y métodos:

Carro

Placa

Marca

Color

Kilometraje

Encender()

acelerar()

SubirVidrios()

BajarVidrios()

frenar(),

Ahora bien, ¿cómo identificamos métodos dentro del planteamiento de un problema? Bueno la respuesta es que la experiencia en la solución de un buen número de ejercicios nos dará las competencias adecuadas para ello; no obstante nos atreveremos a indicar una pauta básica y general sin pretender ser una regla infalible para todos los casos: La idea es que identifiquemos los métodos necesarios para la clase orientando el análisis del problema planteado hacia la búsqueda de las diferentes tareas que deben realizarse para darle solución; es decir, que determinemos que pasos, operaciones o actividades son requeridas para resolver el problema. Además, es recomendable que las operaciones que veamos como complejas, o que en su defecto comprendan su propio conjunto de pasos bien definidos, se subdividan en tareas más pequeñas. Igualmente, todo aquello que la clase deba hacer sobre los atributos o sobre otros métodos para dar algún resultado o efectuar un proceso cualquiera, se modela mediante métodos. Una vez hecho esto, por cada tarea o actividad identificada en el problema definimos en la clase un método que se encargue de realizarla.

En ese orden de ideas atendiendo los casos ejemplarizados anteriormente podemos hacer las siguientes anotaciones:

Caso I. Para la clase *Empleado* debemos definir un método que calcule el salario básico ya que el resultado de este viene de la operación de multiplicar los valores de los atributos de número de horas y valor de la hora. Digamos que el nombre para este método será *Salario_Basico()*. Así también, el subsidio de transporte al ser calculado como un porcentaje del salario básico requiere un método, que llamaremos *Subsidio_Transporte()*. Si tenemos en cuenta que el salario neto a pagar es la suma del salario básico más el subsidio de transporte, entonces definimos un método para obtener dicho valor; a este método le llamaremos *Salario_Neto()*. Con lo anterior la clase *Empleado* con sus atributos y métodos es la siguiente:

Empleado
NumHoras
PrecioHora
Salario_Basico().
Subsidio_Transporte().
Salario_Neto().

Caso II. Clase *Pago_Llamada*, debemos incluir dos métodos, uno para hallar el valor del minuto de acuerdo al tipo de destino y al que llamaremos *Valor_Minuto()*. Para obtener el valor que hay que pagar por la duración de la llamada, dispondremos del método *Valor_Llamada()*. La clase *Pago_Llamada* con estos métodos queda así:

Pago_Llamada
Duracion
Destino
Valor_Minuto().
Valor_Llamada().

Caso III. Clase CalculadoraPiscina.

En este ejercicio se deben diseñar una clase con una serie de métodos que permitan poder hacer las operaciones. Como es el caso de saber cuántos metros cúbicos tiene la piscina, ya que eso determinan los costos de elaboración, los litros de agua necesarios, la cantidad e químicos necesarios basados en la cantidad de agua. Además, para poder saber cuánto cuesta el concreto y el enchape de paredes se necesitan los métodos que calculen cuantos metros cuadrados son. Hay que resaltar que estos necesitan las dimensiones de la piscina (Largo, Ancho y Profundidad) Ósea sus atributos para poder realizar los cálculos.

CalculadoraPiscina
Largo
Ancho
Profundidad
PrecioMExcavacion
PrecioMconcretoParedes
PrecioMconcretoPisos
PrecioMEnchape
CalcularMtsCubicos()
CalcularMtsParedesLargo()
CalcularMtsParedesAncho()
CalcularMtsPisos()
CalcularEnchapes()
CalcularVolumenAgua()
CalcularCostosParedes()
CalcularCostosPisos()
CalcularCostosEnchape()

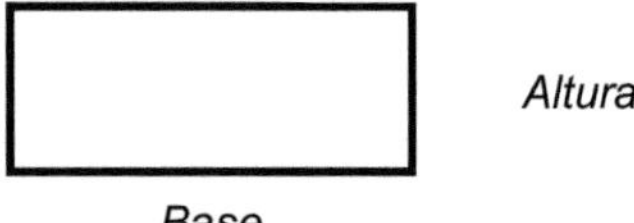

Nota. En este ejemplo se ve un desglosamiento de métodos, el lector podría pensar que un solo método podría hacer todos los cálculos, pero es esencial en programación orientada a Objetos un buen diseño y técnicas para mantener una solución óptima.

1.4 Diferenciando atributos y métodos

Por ejemplo, se requiere diseñar una clase que permita calcular el área y el perímetro de un rectángulo.

Recordemos que el área es igual a la base por altura y el Perímetro es igual a 2 veces la base más 2 veces la altura.

Altura

Base

Caracterizamos los atributos y los métodos identificándolos con un nombre.

Atributos: Base y Altura
son necesarios los dos porque son los datos básicos y suficientes para realizar los cálculos.

Metodos

Calculararea: Es necesario porque se encarga de hacer la operación (multiplicación) Base por Altura.

Calcularperímetro: Este método se encarga de hacer la operación: 2 veces la Base más 2 veces la altura

Rectangulo

Base

Altura

Calculararea()

Calcularperímetro()

Podemos observar que los datos que se pueden calcular (Área, Perímetro) no se convierten en atributos sino en métodos, además que los atributos correspondientes a la clase no pueden ser más que los datos básicos requeridos para resolver el problema, en este caso los datos necesarios son los de los lados, y como el rectángulo tiene 2 lados iguales (Base) y otros dos lados iguales (altura) podemos diseñar la clase de la siguiente manera

RECOMENDACIONES

Los nombres que utilicemos para definir las clases o los atributos, deben cumplir las siguientes reglas

- ✓ No deben comenzar con números. Así los siguientes nombres de atributos son inválidos: *1nota, 5primeros, 3ultimos* por cuanto empiezan con números. Para corregirlos podríamos anotarlos como *nota1, primeros5, tres últimos.*
- ✓ No deben contener espacios, en vez de ello se acostumbra a usar el

guión inferior; así por ejemplo nombres para atributos como *sueldo neto*, *primer apellido* y *nota promedio* no son correctos por cuanto tienen espacios. Para corregirlos podríamos omitir el espacio o usar el carácter de guión inferior así: *sueldo_neto, primer_apellido, nota_promedio.*

✓ Deben ser mnemotécnicos, es decir, un buen identificador expresa claramente el significado de lo que representa. Por ejemplo, nombres como *pa* y *es* podrían prestarse para confusiones cuando en realidad queremos hacer referencia al primer apellido y estado civil de una persona; siendo más conveniente identificar estos atributos como *primer_ape* y *est_civil.*

✓ Por cuestiones prácticas deben ser tan largos para lo cual se sugiere emplear abreviaturas, pero sin sacrificar la claridad del identificador. Por ejemplo, el nombre de atributo *porcentaje_de_comision_por_ventas* podemos simplificarlo por *porcen_comventas.*

✓ No deben tener símbolos especiales o con significados ya preestablecidos, como por ejemplo los signos de operaciones aritméticas y relacionales. De este modo no son válidos los siguientes nombres de atributos: *%de_comision, nota>, #_telefono* en vez de ello podríamos llamarlos de esta forma: *porcen_comision, nota_mayor, num_telefono.*

✓ De forma análoga la gran mayoría de los lenguajes no permiten el uso de ñ y de las tildes o letras acentuadas como identificadores

---

Cuestionario

1. Qué relación existen entre la programación orientada a objetos y el concepto de clase

2. Que ventaja puede tener construir el diseño de la solución de un problema antes de codificar dicha solución en un lenguaje de programación.

3. Explique el concepto de clase indicando sus características principales.

4. Por qué una clase siendo un concepto abstracto permite modelar las características y comportamientos de objetos concretos.

5. Por qué es importante usar nombres o identificadores mnemotécnicos

6. Explique por qué los siguientes identificadores de atributos no son correctos y realice la corrección respectiva:

     a. Sub Total.

     b. Precio*Compra.

     c. Nota<.

     d. Año_Nacimiento.

     e. Indice:Gastos.

     f. Encendido?

     g. 10mayores.

     h. Edadprivate cumplida.

.

Ejercicios

Diseñe una clase para cada uno de los siguientes objetos del mundo real representando sus características o atributos.

Aviones.

Teléfonos.

Facturas de compra.

Estudiantes.

Libros.

Diseñar un a clase explicando sus atributos para cada uno de los siguientes enunciados:

- Pago de un servicio teniendo en cuenta nombres del servicio y del deudor, el valor a pagar, numero de meses atrasados y el interés mensual por mora.
- Una transacción bancaria considerando que puede ser consignación, retiro o consulta y que es importante conocer el número de la cuenta, valor del movimiento, ciudad y número del cajero desde el cual se efectuó la transacción.
- El cálculo de la definitiva de su curso de programación sabiendo que el profesor tomo tres notas a las que se les aplican porcentajes de 30%, 30% y 40% respectivamente.
- Obtención del interés simple de un capital partiendo del tiempo y de la tasa de interés.
- Determinar el valor del cambio que se le devuelve en una compra, conociendo la cantidad de dinero entregada por el cliente, así como el precio y la cantidad adquirida del producto.
- Obtenga la edad de una persona tendiendo como referencia el día, el mes y el año de su nacimiento.

Diseñar una clase identificando atributos y métodos para los siguientes enunciados:

Una granja Porcicola desea conocer el costo y la cantidad de alimento que consumen sus cerdos en un mes. Tenga en cuenta las siguientes consideraciones.

a) Existe una cantidad N de cerdos.
b) Cada cerdo consume 2 comida s diarias de 1 kilo cada una
c) Un bulto de concentrado tiene un costo X

d) El bulto de concentrado pesa 40 kilos

Calcular el gasto de una construcción de una sala de computo que tiene forma cuadrada, sabiendo que por cada m^2 de repello de pared y piso tiene n costo en materiales, la mano de obra se cobra por m^2 y va a depender de la cantidad de m^2 que esta contenga la construcción, además se debe tener en cuenta que 1 baldosa tiene un precio determinado y que para cubrir un m^2 de piso se necesitan 9 baldosas.

Ejercicios Resueltos

Haga un análisis de cada solución.

1. Diseñe una clase que permita conocer el resultado de una elección de alcalde puesto que el resultado es el siguiente:
El candidato A tiene el 35% de los votos válidos, el candidato B tiene el 12% de los votos válidos y el candidato C tiene el 42% de votos válidos. Los votos en blanco corresponden al resto de los votos válidos. Los votos totales son X y el 78% de estos votos son válidos.

Clase Votación
Votos
Pedirdatos()
Calcularvotosvalidos()
calcularvotoscanA()
calcularvotoscanB()

                    calcularvotoscanC()

                    calcularvotosblanco()

                    mostrarresultados ()

2. Diseñar una clase que permita calcular el total de estudiantes de un colegio teniendo en cuenta que el colegio tiene 6 salones los cuales se distribuyen de la siguiente manera.

El grado primero tiene X estudiantes, el grado segundo tiene 1/3 que el grado primero, el grado tercero es dos veces el grado 2, el grado cuarto tiene Y estudiantes, el quito grado tiene ½ de cuarto grado más el total de segundo, 6° tiene1/8 de la población estudiantil anterior.

Clase Colegio

E_1

E_4

pedir_datos()

calcular_Est_2()

calcular_Est_3()

calcular_Est_5()

calcular_Est_6()

calcular_Total_Est()

mostrar_Resultados()

3. Dados A, B, C y D que corresponden a medidas de trozos de madera diseñe una clase que determine si se puede construir una mesa de: 2 patas, 3 patas y 4 patas.

Clase Mesa

A, B, C, D

pedir_datos()

calcular_mesa_2()

calcular_mesa_3()

calcular_mesa_4()

mostrar_Resultados()

CAPITULO II

II.   LOS DATOS

1. Atributos

En programación no solo es necesario determinar cada uno de sus elementos, sino que además debemos definir el alcance en términos de almacenamiento o la capacidad de manipular la información.

1.1.   Contenido de un atributo.

Cuando caracterizamos los atributos un aspecto a señalar es que mediante ellos una clase modela la capacidad de almacenar o contener datos; es decir, información que proviene del problema y que es vital para el diseño de su solución. En el ejemplo dado anteriormente sobre el color de un carro, este atributo debe tener algún valor en un momento dado; ya sea rojo, verde, amarillo etc. De manera similar, en el ejemplo del cálculo del salario de un trabajador en algún momento el atributo del precio de horas debe contener un valor, tal como 10000, 15000, 18000 etc.

El valor guardado en un atributo es un dato que puede cambiar en cualquier momento. Por ello es importante diferenciar bien entre el identificador (nombre) del atributo y el contenido que guarda. Para ilustrar esta diferencia, consideremos el atributo del precio de hora en la clase Empleado. Digamos que el valor de este atributo es 15000, lo que representamos gráficamente así:

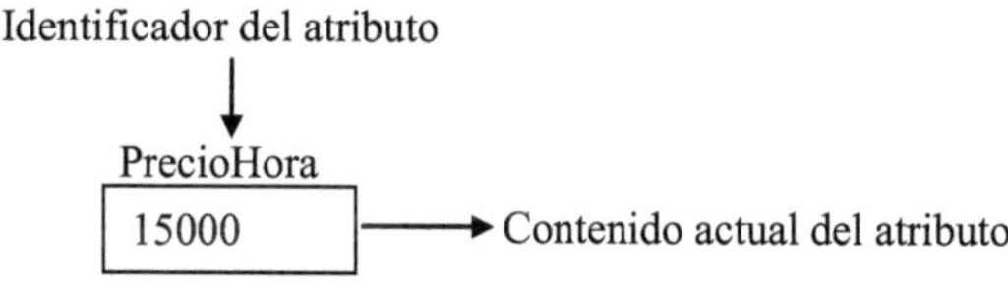

Observemos que el identificador (PrecioHora) hace referencia a un valor dado (15000) que es el contenido almacenado en este momento. Supongamos ahora que el empleado recibe un aumento en el precio de su hora y que el nuevo valor es de 18000. La nueva situación gráficamente es:

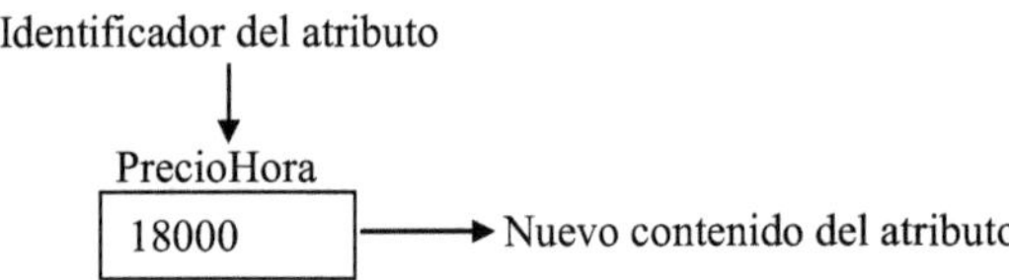

Podemos concluir, que el contenido de un atributo es un valor cambiante en el tiempo, mientras que el identificador o nombre del atributo nunca cambia. La variación del contenido del atributo depende de los datos que se quieran guardar en él lo cual se realiza mediante los métodos.

En este sentido, los atributos son similares a lo que se conoce como variables en otros paradigmas de programación. De hecho, si quisiéramos hacer una analogía entre el modelo algorítmico clásico (basado en datos de entrada, proceso y datos de salida) con el diseño de una clase, podemos señalar que los datos de entrada son los atributos de la clase; los procesos son las operaciones que realizan los métodos y los datos de salida bien pueden ser atributos o preferiblemente métodos; toda vez que son los métodos los encargados de procesar los datos de los atributos (entrada) para producir un resultado (salida).

1.2 Dominio o tipo de un atributo.

Otra característica de los atributos se refiere al conjunto de valores que puede tomar y las operaciones que permitidas con el valor que almacena. Así por ejemplo para el caso de la clase *Empleado*, el valor del precio de la hora por lógica debe ser un número mayor que cero. A efectos de las operaciones posibles sobre este atributo, contemplamos cálculos matemáticos, teniendo en cuenta que el valor del precio de la hora es un número. Si en la clase *Empleado* quisiéramos agregar un atributo para el sexo del trabajador, el valor que puede tomar el atributo debe ser masculino o femenino; nunca almacenará un valor distinto a estos dos datos.

A esta característica del dato guardado en un atributo, se le conoce con el nombre de tipo o domino del atributo; que delimita los valores posibles que el atributo pueda tomar, y que también define el conjunto de operaciones validas que se pueden efectuar con dichos valores. Para detallar más esta característica, cabe señalar que existen diferentes categorías de tipos de datos que identificamos sin ningún problema en el mundo real. Así encontramos números enteros, números reales (que además de una parte entera tiene un parte decimal), caracteres (letras, símbolos, signos), cadenas de caracteres (unión de más de un carácter: nombres, palabras, frases…), valores lógicos (verdadero o falso), fechas, horas, combinación de cualquiera de los anteriores, etc. Para evitar confusiones, cada tipo de datos precisa un nombre que lo identifique y diferencie de los demás; siguiendo una convención de nombres para cada tipo de datos y que depende normalmente del lenguaje de programación seguido.

En la etapa de diseño no es relevante el lenguaje de programación empleado, pero con el ánimo de ambientar a estudiar uno en particular, usaremos las convenciones de nombres, reglas semánticas y tipos de datos del lenguaje de programación JAVA:

Tipos de datos	
Int	definir números enteros
Float	números reales (números de punto flotante
Boolean	valores lógicos (verdadero y falso)
Char	caracteres individuales
string	cadenas o conjuntos de caracteres

Para la especificación de un tipo de datos o dominio de un atributo, igualmente adoptaremos la convención de indicar primero el tipo de datos y luego el nombre del atributo. Si por ejemplo en una clase cualquiera tenemos un atributo llamado *Edad* del cual sabemos almacena un número entero, lo definimos así: **int** *Edad*. Si vamos a representar el nombre de una persona que es una cadena de caracteres lo modelamos como: **String** *Nombre*. Para un atributo que contiene la nota de un estudiante que es un número real podemos diseñarlo así: **float** *Nota*. En este punto vale la pena recalcar, que la validez de un diseño de clase no depende de la convención empleada para dar nombres a tipos de datos ni tampoco de la convención sintáctica para asignar un nombre de tipo a un atributo. Con esto se busca dar un mayor significado y comprensión al diseño de la clase.

Aplicando este concepto de tipo de datos, para el caso de la clase *Carro* citada anteriormente, podemos definir los atributos de *placa*, *marca* y *color* como cadenas de caracteres, es decir, de tipo **String**; el *kilometraje* puede ser un número real (de tipo **float**). La clase *Carro* queda entonces así:

De manera análoga, para completar la especificación de los atributos del diseño de la clase *Empleado*, tomemos en cuenta que el número de horas laboradas por el trabajador es un número entero (**int**) y que el precio de la hora en pesos también puede estar dado por un número entero. Ello significa que los atributos *NumHoras* y *PrecioHora* deben tener indicado su dominio o tipo de datos, quedando el diseño de la clase empleado de la siguiente forma:

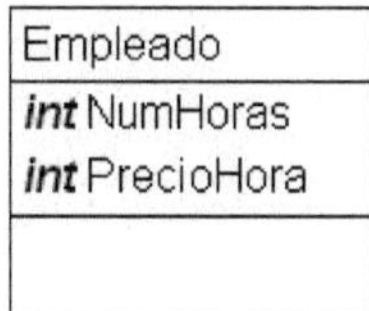

Para el caso de la clase *Pago_Llamada*, tenemos que la duración de la llamada en minutos es un valor entero (**int**). El destino de la llamada es un valor textual o literal como "local", "nacional" o "internacional", por lo que está representado por una cadena de caracteres (**String**). Teniendo en cuenta lo anterior, la clase *Pago_Llamada* queda así:

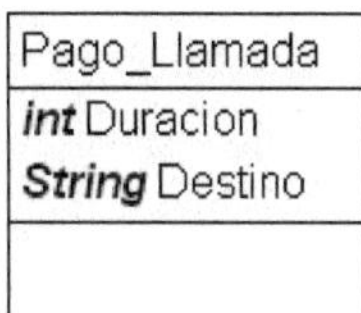

Caso V. Diseñemos una clase que a partir de la población actual de peces en un criadero y de su tasa promedio de crecimiento mensual, permita conocer dentro de cuantos meses la población de peces supera los 5000 ejemplares y cuantos meses deben transcurrir para que la población actual de peces sea duplicada. En este ejemplo los atributos son la cantidad correspondiente a la población actual de peces y el valor de la tasa de crecimiento mensual de esta. Al primer atributo le daremos por nombre *poblacion_actual* y debe ser un numero entero (**int**). El segundo atributo lo identificamos como *tasa_crecimiento* y es un número real (**float**). Será necesario incluir un método que nos de la cantidad de meses necesarios para que la población supere los 5000 ejemplares, a este método lo llamaremos *meses_supera()*. También requerimos otro método que obtenga los meses necesarios para que la población actual de peces sea duplicada, a este método le llamaremos *meses_duplica()*, con lo que el diseño de la clase que llamaremos *Población* es el siguiente:

Poblacion
int poblacion_actual *float* tasa_crecimiento
meses_supera() meses_duplica()

Observe que en este ejemplo y en los anteriores, solo se hace referencia al método por su nombre independiente de la manera en la cual opera internamente. El modo en que un método efectúa su tarea hace parte de la implementación y como tal toca con los detalles de codificación en un lenguaje de programación. Por ello en esta primera etapa de diseño, solo indicamos el nombre del método teniendo claro la tarea que dicho método debe realizar; insistimos que por el momento no importa saber cómo la va a efectuar.

1.3 Relación entre atributos y métodos.

Como se ha indicado hasta el momento, la clase estructuralmente se compone de atributos y de métodos. Estos dos conceptos se han analizado en los apartados anteriores de forma separada, lo que no quita que estén estrechamente relacionados. De hecho, los métodos pueden hacer uso de los valores de los atributos para realizar adecuadamente sus tareas; y es una situación que ocurre en la mayoría de los casos. En este sentido tenemos que el resultado de lo que haga un método puede depender de los valores de los atributos y por lo tanto estos dos elementos aun cuando se definen de forma separada están vinculados de alguna manera. Considere por ejemplo el caso del método *Salario_Basico()* para la clase *Empleado*. El valor calculado por este método depende de los valores numéricos contenidos en los atributos correspondientes al número de horas y al precio de la hora; toda vez que por definición el salario básico es igual al producto de estos dos valores.

De forma análoga, en la clase *Población* el método *meses_duplica()* obtiene el número de meses necesarios para duplicar la población de peces, en función de los atributos correspondientes a la población actual y a la tasa de crecimiento mensual.

En suma, la relación entre los atributos y los métodos consiste en que estos últimos procesan la información contenida en los atributos, y ello incluye tanto las operaciones de asignar o cambiar los valores de los atributos, como la operación de hacer uso del valor del atributo para realizar tareas que le corresponde a un método en particular.

La relación entre atributos es meramente conceptual (estática) pues ellos en conjunto describen las cualidades de la clase, pero en cuanto a la variación del contenido de los atributos o la utilización de estos, la relación (dinámica) entre atributos se establece solamente a través de los métodos que los utilizan dentro de su implementación.

1.4 Relaciones entre métodos.

La relación entre métodos no se suele simbolizar en el diseño, pues no existe una simbología formal para ello y además es un concepto que se concreta dentro de la implementación de cada método más que en su diseño. A nivel del diseño de la clase, verificamos estas relaciones mediante la comprensión del problema que estamos modelando e igualmente con la documentación de la clase. Eventualmente los nombres de los métodos pueden darnos pistas al respecto, siempre que estos sean suficientemente significativos. Aun cuando es un tema más de implementación que de diseño, es conveniente señalar algunas características de la relación entre métodos.

Para ello diremos que existen métodos que son independientes, ya que no requieren de otros para realizar su tarea. De igual manera encontramos métodos que necesitan de otros para efectuar su trabajo; requiriendo así que otros métodos realicen tareas previas cuyos resultados son necesarios para que el método dependiente haga lo que le corresponda. Este es el caso del método *Salario_Neto()* de la clase *Empleado* que depende de los métodos del *Salario_Basico()* y *Subsidio_Transporte()*, pues el salario neto es la suma de estos dos conceptos. Algo similar observamos en la clase *Pago_Llamada* con en el método *Valor_Llamada()*, pues este obtiene el valor a pagar por la llamada como el producto del número de minutos (almacenado en atributo *duración*) por el valor del minuto, que es calculado por el método Valor_Minuto() en función del destino de la llamada. Claramente vemos que el método Valor_Llamada() depende del método Valor_Minuto().

A manera de ejemplo consideremos una clase que tiene por tarea obtener el mayor de dos números y hallar un porcentaje del 25% de dicho valor mayor. El diseño de la clase *Números* con dos atributos como enteros y dos métodos es el siguiente:

Numeros
int Num_Uno *int* Num_Dos
Obten_Mayor() Obten_Porcentaje()

Sin entrar en detalles de implementación suponemos que el método *Obten_Mayor()* compara los valores de los dos atributos y selecciona el mayor de ellos, por lo tanto es un buen ejemplo de método independiente, aunque haga uso de los atributos. El método *Obten_Porcentaje()* por el contrario es un método dependiente, ya que según el problema el debe obtener el 25% del valor mayor almacenado entre los atributos, y como dicho valor es calculado por el método *Obten_Mayor()* es conveniente que para el cálculo del porcentaje se obtenga primero el valor mayor y luego si se calcule el 25% de este.

Las relaciones entre métodos son muy frecuentes y casi obligatorias, consistiendo entonces en que algún método utiliza a otro(s) para cumplir con su función.

Cuestionario

1. Indique diferencias entre atributos y métodos de una clase.
2. Señale diferencias entre el diseño y la implementación de la solución de un problema.
3. ¿Por qué los métodos representan los servicios que una clase presta?
4. ¿Cuál es la idea fundamental que caracteriza la relación entre dos métodos?
5. Es posible que una clase carezca de atributos ¿Por qué?
6. Es posible que una clase carezca de métodos. ¿Por qué?
7. Es posible utilizar una clase diseñada para resolver un problema "A" en la solución de otro problema "B". ¿Por qué?

Ejercicios

1. Represente mediante un atributo cada uno de los siguientes conceptos, indicando nombre del atributo, tipo de datos y un valor(contenido) posible para cada uno de ellos:

- Nota del primer parcial de programación.
- Temperatura promedio de su ciudad.
- Estado civil de una persona.
- Cantidad de satélites de un planeta.
- Estado de una lámpara encendida o apagada

2. Asigne un nombre apropiado para los métodos que realicen las siguientes operaciones:

- Hallar el promedio de nota general de su curso de programación.
- Convertir una unidad de temperatura de grados centígrados a grados kelvin.
- Efectuar la rotación de una figura geométrica en torno a su centro.
- Mostrar cuales son los primeros cien números primos.

44

- Determinar el porcentaje de mujeres desempleadas de un país en relación con el total de personas aptas para laborar

3. Diseñar la clase caracterizando los atributos y métodos y definiendo el tipo de datos que deben utilizar los atributos, para cada uno de los siguientes planteamientos.

   Calcular los gastos anuales que se tiene un estudiante en la universidad, teniendo en cuenta que cada semestre tiene un valor x, presenta gastos de transporte representados en el pago de los pasajes (2 ida y vuelta) además unos gastos en comida diarios (almuerzo).

Obtener el total a pagar por la compra de un artículo determinado, conociendo el precio y la cantidad de unidades facturadas. Se sabe que se cobra un IVA del 15% y si el subtotal (precio x cantidad) excede los $50000 se hace un descuento del 4%.

CAPITULO III

III.   IMPLEMENTACION

1. Métodos

Como los métodos son los encargados de realizar las acciones necesarias que para que la clase funcione eficientemente. Ahora comenzaremos a bordar la caracterización de los métodos en la programación Orientada a objetos.

1.1 Tipos de Métodos

Hasta ahora hemos señalado que los métodos son las acciones o servicios que la clase presta, y los caracterizamos solo por un nombre identificador y por la tarea que el método debe realizar en función de su objetivo. Sin embargo, en su diseño un método puede reflejar otro aspecto que le da mayor significado y lo diferencia con más claridad de los otros, proporcionando una mejor comprensión de lo que debe hacer y en consecuencia facilitando su futura implementación. Se trata entonces de la posibilidad de clasificar a los métodos, de modo que tenemos cuatro tipos de métodos y acorde a ello podemos escoger el tipo de método más apropiado a las tareas y operaciones que estos van a efectuar. Veamos entonces cada uno de estos tipos de métodos y las convenciones de diseño empleadas para identificarlos en los diagramas UML de clases.

En un primer grupo tenemos los métodos constructores y destructores, los cuales se diferencian principalmente por el momento y orden en que estos métodos realizan su trabajo con respecto a los otros.

1.2 Métodos Constructores

El método constructor de una clase es el primer método que debe ser empleado
en ella, ya que tiene por objetivo inicializar los valores de los atributos, es decir
darle valores por defecto a los atributos con el fin de que los métodos que los
emplean encuentren datos validos con los cuales trabajar. Un   constructor
además es el responsable de reservar la memoria necesaria para los objetos de
la clase, de modo que estos puedan contar con el espacio para almacenar datos
en los atributos y tener la referencia de las implementaciones o codificación de
los métodos. Normalmente esta tarea de direccionamiento de memoria es parte
del trabajo interno de los lenguajes de programación, de manera que usted no
se preocupa mucho por ello, ya que en el momento en que ejecuta el
constructor, mediante la sentencia indicada por el lenguaje, se realiza de forma
automática la gestión de la memoria para el nuevo objeto de la clase. Por lo
tanto, queda como tarea principal para el constructor la inicialización de sus
atributos.

De acuerdo al tipo de problema que estemos solucionando con la clase, un
constructor puede hacer más que inicializar atributos. Suponga que tenemos una
clase con la cual vamos a gestionar el contenido de un archivo de texto, de
forma que permita abrir el archivo para leer su contenido o escribir nuevos datos
en él. Por cuestiones de los sistemas operativos, ambas operaciones, lectura y
escritura, requieren que el archivo este previamente abierto; sería entonces
conveniente que el constructor se asegure de abrir el archivo para que quede
preparado para las otras operaciones. Igualmente, este constructor podría
prever la creación del archivo en el caso que no exista, o en su defecto
inhabilitar las demás operaciones evitando errores posteriores. Generalizando la
idea de este ejemplo, podemos afirmar que el constructor debe realizar todas las
operaciones necesarias que son "prerrequisito" para que los demás métodos de
la clase puedan funcionar correctamente.   Podría decirse entonces que el

método constructor marca el inicio del ciclo de vida de un objeto de la clase y por lo tanto debe ser el primer método en ser ejecutado para cualquier objeto de la clase.

En cuanto al nombre del método constructor y a la simbología empleada para su diseño no existen reglas precisas. Sin embargo, optaremos por usar el mismo nombre de la clase como identificador para el constructor, que es la política empleada por JAVA para declarar constructores. De esta manera en la clase *Carro* el constructor se identifica como *Carro()*, para la clase *Empleado* el constructor toma por nombre *Empleado()* y así sucesivamente. Con el ánimo de organizar un poco más nuestros diseños, sugerimos que el constructor sea el primer método que figure en la lista de métodos de la clase. Con todo esto los diseños de algunas de las clases expuestas anteriormente quedan como sigue.

Carro
String Placa *String* Marca *String* Color *float* Kilometraje
Carro() Encender() Acelerar() Frenar() Bajar_Vidrios() Subir_Vidrios()

Empleado
int NumHoras *int* PrecioHora
Empleado() Salario_Basico() Subsidio_Transporte() Salario_Neto()

Numeros
int Num_Uno *int* Num_Dos
Numeros() Obten_Mayor() Obten_Porcentaje()

Para finalizar, vale la pena indicar que la presencia de un constructor no siempre es necesaria, puesto que en muchos lenguajes de programación si usted no define uno, el propio lenguaje lo incluye de forma implícita. Aun así, en los diseños que presentemos de aquí en adelante incluiremos un constructor, y a no ser que se señale explícitamente algo adicional, supondremos que el objetivo de dicho constructor será inicializar los atributos de la clase.

1.3 Métodos Destructores

El método destructor es el inverso del constructor, por lo cual su tarea principal es liberar los recursos (principalmente la memoria) empleada por los objetos de la clase, una vez estos ya no sean requeridos o hayan finalizado su trabajo. De modo similar a como pasa con los constructores, muchos lenguajes implementan de forma automática el código necesario para que el destructor libere los recursos usados por los objetos, de tal suerte que esta no será una tarea por la cual usted deba preocuparse; basta con conocer la sentencia que el lenguaje en cuestión prevé para ejecutar un destructor.

Continuando con las funciones que realiza un destructor, estas no siempre están limitadas a la liberación de recursos de la clase, sino que también pueden incluir otras tareas complementarias; todo depende del problema modelado y de la implementación que se haga del destructor. Retomando el ejemplo de la clase para la gestión del archivo de texto, el destructor debería encargarse de cerrar el archivo guardando previamente cualquier cambio pendiente de ser almacenado. De esta manera el método destructor marca el fin del ciclo de vida de un objeto de la clase dentro del programa que lo utiliza, por lo cual debe ser el último método que use de una clase, pues una vez ejecutado por el objeto éste no podrá ser usado para tareas posteriores.

Hay que señalar que al igual que los constructores, los destructores no son estrictamente necesarios ya que muchos lenguajes de programación agregan

uno propio de forma automática cuando usted no lo define explícitamente. En general, es opcional que incluyamos métodos destructores en las clases, ya que normalmente los destructores se aplican a aquellos casos en que requerimos tareas que solo puedan hacerse con ellos y no desde otros métodos.
En el Lenguaje de programación java el llamado al destructor es implícito, por ende, no es necesario (en el transcurso de este libro) que lo definamos.

En todo diseño de clase siempre encontraremos los métodos que se encargan de realizar las operaciones necesarias para resolver el problema, entre estos métodos encontramos a los métodos de tipo función y de tipo procedimiento. Este par de métodos se diferencian de acuerdo a si el método retorna o no un valor como resultado de sus operaciones una vez finalice su trabajo.

1.4 Métodos de tipo función

Los métodos de tipo función son aquellos que una vez terminan de realizar la tarea que tienen asignada arrojan un dato o valor como resultado de todas sus operaciones. Este valor es de un único tipo y puede ser usado para otras operaciones. El tipo de datos que retorna un método de función es precisamente lo que caracteriza al tipo de la función. Como tipo entiéndase el mismo significado que hemos usado hasta ahora para caracterizar el valor guardado en un atributo. Por lo tanto, el tipo de datos retornado por la función podrá ser:
un numero entero (**int**)
un número real (**float**)
carácter (**char**)
cadena (**String**)
lógico (**boolean**)

y en general cualquier tipo de datos soportado por el lenguaje o en su defecto cualquier identificador de tipo previamente acorado para usar en su diseño. Recuerde que a nivel de diseño no son relevantes ciertas reglas sintácticas que son rigurosas y de obligado cumplimiento en los lenguajes de programación. Por ello los tipos de datos que usamos aquí son solo de uso en JAVA, aun cuando sean similares a los empleados por algunos lenguajes de programación.

En cuanto a la convención que usaremos en el diseño para identificar y diferenciar a los métodos de tipo función, optaremos por preceder el identificador del método por el nombre del tipo de datos que será retornado por este.

Tipo de dato Nombrefunción()

Así por ejemplo un método que obtenga el resultado de alguna suma de números enteros seria declarado como **int** *sumar()*, y un método que calcule un promedio podría quedar como **float** *promediar()*. Recuerde que el tipo de datos de la función depende de la naturaleza del dato que la función obtiene como resultado. En este orden de ideas, los métodos de tipo función los definimos en el diseño de forma similar a como lo hacemos con los atributos, pero con la diferencia de la presencia de los paréntesis () después del identificador del método que ya fue señalada anteriormente. Identifiquemos ahora métodos de tipo función en los diseños presentados anteriormente.

En el caso de la clase *Empleado*, el método *Salario_Basico()* es una función, porque una vez calculado el valor del salario básico la clase debe indicarnos cuál es ese valor, porque de lo contrario no tiene sentido hallar este dato y no poder conocerlo y usarlo en lo que necesitemos. Análogamente el método *Subsidio_Transporte()* es también una función, puesto que además de obtener el valor del subsidio de trasporte para el empleado, debe indicarnos cuál es ese valor. La misma idea se sigue para el método *Salario_Neto()* que no solo debe encontrar el valor neto a pagarle al empleado, sino que también debe dar a conocer este valor. En este orden de ideas, podemos generalizar que siempre que un método como resultado de sus operaciones o tareas asignadas obtengan un valor que sea importante dar a conocer para quien use la clase, dicho método debe ser modelado como una función.

Hasta ahora hemos concluido que los métodos de la clase *Empleado* *Salario_Basico()*, *Subsidio_Transporte()* y *Salario_Neto()* son funciones, pero como tales además requieren la especificación del tipo de datos que retorna cada función. En los tres casos el resultado debe ser un número entero o real, pero elegiremos el tipo real (**float**) por existir operaciones de porcentajes. Con ello la definición de estos métodos queda como **float** *Salario_Basico()*,   **float** *Subsidio_Transporte()* y **float** *Salario_Neto()*. La clase *Empleado*, tomando en cuenta que la presencia del destructor es estrictamente opcional, queda así:

Empelado
int NumHoras
int PrecioHora

Empleado()
Float Salario_Basico()
Flota Subsidio_transporte()
Float Salario_Neto()

En la clase *Números* el método *Obten_Mayor()* es de tipo función, por que como resultado debe indicarnos cuál de los dos atributos numéricos es el mayor. Igualmente el método *Obten_Porcentaje()* es una función, porque una vez calculado el porcentaje del 25% del mayor el método debe indicar cual fue este valor. En cuanto al tipo de cada función, se define como entero (**int**) al método *Obten_Mayor()* pues el mayor de dos enteros evidentemente es otro entero. El método *Obten_Porcentaje()* queda de tipo real (**float**) por ser el porcentaje una operación que involucra una división. La clase *Números* es la siguiente:

Números
Int Num_Uno
Int Num_Dos
Numeros()
Int Obten_Mayor()
Float Obten_Porcentaje()

Con respecto a los métodos de la clase *Población*, tanto *meses_supera()* como *meses_duplica()* son de tipo función; ya que las cantidades de meses calculadas por cada uno de ellos deben ser devueltas como resultados del método. Los tipos de estas funciones son representados por números reales (**float**), pues existen casos como por ejemplo 2.5 (dos meses y medio). El diseño de la clase *Población* queda así:

Población
int Poblacion_actual
float Tasa_Crecimiento
Población()
Float meses_supera()
Float meses_duplica()

Aunque es un aspecto más de implementación que de diseño, cabe decir que el valor devuelto por una función es empleado desde otro método u otra parte de un programa. Por esta razón los métodos de tipo función normalmente son usados por otros métodos de la misma clase y/o por métodos de otras clases; esto sugiere claro está, que una clase no siempre va a funcionar sola, sino que también se puede relacionar con otras. Las relaciones entre clases serán objeto de estudio posterior.

1.5 Métodos de tipo procedimiento.

Los métodos de tipo procedimiento se caracterizan por que una vez que finalizan la ejecución su tarea no arroja ningún valor como resultado de sus operaciones. Precisamente la ausencia de un resultado es lo que los distingue de una función, porque por lo demás son idénticos. Como ejemplo consideremos el método *Frenar()* de la clase *Carro*. Este método después de realizar su trabajo debe dejar el carro detenido, y después de esto no tiene por qué dar un valor o dato como resultado de ello. El método *Frenar()* es entonces un método de tipo procedimiento y si se aplica el mismo razonamiento, los métodos *Encender()*, *Acelerar()*, *Bajar_Vidrios()* y *Subir_Vidrios()* son también procedimientos, pues después de hacer sus acciones respectivas, no tienen que indicar ningún valor o dato para notificar lo que han hecho.

El diseño de un método de esta naturaleza, dada la ausencia de un tipo de resultado, se caracteriza por que su nombre no va precedido de un nombre de tipo de datos. Sin embargo, en algunos lenguajes de programación se usa el termino **void** para preceder el nombre del método y especificar que este es de tipo procedimiento. Como es de esperarse en términos de diseño de clase lo importante es adoptar una convención adecuada y de fácil comprensión, por lo que para indicar que un método es de tipo procedimiento será suficiente con no estipular un tipo de datos delante del nombre del método, o en su defecto precederlo del termino **void**.   No obstante para evitar confusiones y por convención todo método de tipo procedimiento lo vamos a preceder con el termino **void**. Por ejemplo el método *Encender()* lo escribimos como **void** *Encender()*. La clase *Carro* con estas especificaciones es la siguiente:

<table>
<tr><td>Carro</td></tr>
<tr><td>

String Placa
String Marca
String Color
float Kilometraje

</td></tr>
<tr><td>

Carro()
void Encender()
void Acelerar()
void Frenar()
void Bajar_Vidrios()
void Subir_Vidrios()

</td></tr>
</table>

Para detallar un poco más, pensemos en una clase que represente la hora de un reloj especificada con el valor de la hora (0 a 23), los minutos (0 a 59) y los segundos (0 a 59). La clase debe ser capaz de pasar al siguiente valor de cualquiera de los tres componentes de la hora, esto es incrementar en uno el valor de la hora, del minuto o del segundo. La clase además debe permitir conocer la hora en cualquier momento en el formato H:M:S, como por ejemplo 17:09:07. Digamos entonces que la clase tendrá tres atributos: *Hora*, *Minuto* y *Segundo* ambos de tipo entero (**int**). La clase dispondrá de los métodos *Siguiente_Hora()*, *Siguiente_Minuto()* y *Siguiente_Segundo()* que facilitaran el cambio de los diferentes componentes de la hora. Estos métodos son de tipo procedimiento, pues su tarea consiste en sumar 1 al atributo que corresponda acorde a un componente de la hora en cuestión. Después de realizar su tarea estos métodos no tienen que retornar un dato como resultado, pues el nuevo valor queda almacenado en el atributo correspondiente y posteriormente puede ser recuperado por el método que muestra la hora actual. Por ello estos métodos en su diseño van precedidos por la palabra **void**, quedando entonces **void** *Siguiente_Hora()*, **void** *Siguiente_Minuto()* y **void** *Siguiente_Segundo()*.

Para que la clase de a conocer la hora en el formato H:M:S, incluimos el método *Hora_Actual()*, que será de tipo función, ya que debe formar el valor de la hora con los datos de los atributos separados por dos puntos y retornar dicho valor. En cuanto al tipo la función *Hora_Actual()* será una cadena de caracteres (**String**) pues su valor está compuesto tanto de números como de caracteres alfabéticos (:). La clase tendrá por nombre *Reloj* y su diseño es como sigue:

Reloj
int Hora *int* Minuto *int* Segundo
Reloj() **void** Siguiente_Hora() **void** Siguiente_Minuto() **void** Siguiente_Segundo() *String* Hora_Actual()

Como se observa en este ejemplo, una clase puede tener métodos de cualquiera de los tipos estudiados.

Las dos clasificaciones anteriores son mutuamente excluyentes; lo que significa que un método constructor o destructor no puede ser también método de tipo función ni de tipo procedimiento. Lo contrario también es cierto, los

1.6 Ejemplos de diseño de clases

Diseñe una clase que permita conocer el resultado de una elección de alcalde acorde a lo siguiente: El candidato A tiene el 35% de los votos válidos, el candidato B tiene el 12% de los votos válidos y el candidato C tiene el 42% de votos válidos. Los votos en blanco corresponden al resto de los votos válidos. Los votos totales son X y el 78% de estos votos son válidos.

Votacion
Int votos
Votacion()
Void PedirDatos()
Int CalcularVotosvalidos()
Int CalcularvotoscanA()
Int CalcularvotoscanB()
Int CalcularvotoscanC()
Int Calcularvotosblancos()
Void mostrar_resultados()

Diseñar una clase que permita calcular el total de estudiantes de un colegio teniendo en cuenta que el colegio tiene 6 salones los cuales se distribuyen de la siguiente manera: El grado primero tiene X estudiantes, el grado segundo tiene 1/3 que el grado primero, el grado tercero es dos veces el grado 2, el grado cuarto tiene Y estudiantes, el quito grado tiene ½ del cuarto grado más el total de segundo, 6º tiene1/8 de la población estudiantil anterior.

Colegio
Int NumEstG1
Int NumEstG4
Colegio()
Void pedirdatos()
Int calcularEstG2()
Int calcularEstG3()
Int calcularEstG5()
Int calcularEstG6()
Int calcularTotalEst()
Void Mostrar_resultados()

Una tienda ha puesto en oferta la venta al por mayor de cierto producto, ofreciendo un descuento del 15% por la compra de más de 3 docenas y 10% en caso contrario. Además, por la compra de más de 3 docenas se obsequia una unidad del producto por cada docena en exceso sobre 3. Diseñe una clase que determine el monto de la compra, el monto del descuento, el monto a pagar y el número de unidades de obsequio por la compra de cierta cantidad de docenas del producto.

Tienda
Int CantDocenas
Int ValorDocenas
Tienda()

Void pedirdatos()

Float descuento()

Int unidadesObsequio()

Float Montocompra()

Float MontoPago()

Void Mostrar_resultados()

Encontrar el mayor, el menor y el promedio de cuatro números.

Números

Int Numero_1

Int Numero_2

Int Numero _3

Int Numero_4

Números()

Void PedirDatos()

Int BuscaMayor()

Int BuscaMenor()

Float Promedio()

Void Mostrar_resultados

1.7 Parámetros en el diseño de métodos

En el ámbito de la relación entre atributos y métodos es necesario utilizar elementos que permitan mantener la alimentación de datos.

El procesamiento de la información que almacenamos o representamos con una clase es responsabilidad de los métodos. Por el momento sabemos que los atributos son los responsables de representar y almacenar la información modelada por una clase. Lo que significa que los atributos son la "fuente" de donde los métodos toman los datos que procesan y sobre los cuales realizan sus operaciones. Sin embargo, un método puede tener una característica adicional mediante la cual recibe la información con la que trabaja. Esta característica se denomina parámetro y permite que un método obtenga datos desde su exterior; esto es, desde otros métodos de la misma clase y/o desde métodos de otras clases distintas que lo utilicen.

Con el concepto de parámetro, podemos tener un método que ya no está limitado a tomar sus datos desde los atributos o desde otros métodos de tipo función que pertenezcan a su misma clase. Significa que los parámetros son datos externos que un método requiere para su buen funcionamiento, pero cuyo origen y valor no conocemos con exactitud en tiempo de diseño; es más, es esta etapa, e incluso durante la implementación, no es necesario que lo sepamos. De hecho, el valor de un parámetro es conocido solo en el momento en que el método es usado, es decir, cuando otro método de la misma clase o de otra clase diferente requiere ejecutarlo.

Para presentar una analogía, observe el siguiente ejemplo que corresponde a una función matemática en la que podemos distinguir el concepto de parámetro:
$f(x) = x + 10$

Podemos ver que el valor de x es desconocido, sin embargo, para obtener un resultado, es necesario que la función conozca con exactitud cuál es el valor de la incógnita x. De x solo sabemos que es un número, pero no podemos asegurar cuál es su valor; porque, además, puede tomar cualquier valor y el origen de este también es desconocido. A pesar de ello, la forma de representación de la función nos da una ventaja, ya que podemos obtener un resultado para cualquier valor de x tan solo indicando dicho valor y sin necesidad de alternar ni la estructura ni el significado de la función. Para ello basta con especificar un valor de x, de modo que, si decimos que toma los valores de 4, 6 y luego 9 la función obtendrá los resultados siguientes según cada caso:

$$\text{Si x es 4:} \quad f(4) = 4 + 10 = 14$$
$$\text{Si x es 6:} \quad f(6) = 6 + 10 = 16$$
$$\text{Si x es 9:} \quad f(9) = 9 \ 10 = 19$$

En el ejemplo anterior, la función representa un método y la variable x es un parámetro de ese método. En ambos casos, tanto el resultado que obtiene la función, como lo que el método hace, dependerán del valor asignado al parámetro x. En consecuencia, el parámetro señala lo que el método requiere para realizar su tarea y aun cuando su valor es desconocido cuando lo diseñamos, en el momento en que el método sea usado debe asignársele un valor cualquiera. Así los valores 4, 6 y 9 con que evaluamos la función, son ejemplos de valores posibles para el parámetro cuando hagamos uso del método que lo contiene. En este sentido el parámetro es un mecanismo por el cual un método recibe datos de entrada para procesarlos en la realización de su tarea, teniendo en cuenta que el valor del parámetro puede cambiar, pero esto no altera la estructura y objetivo del método.

De esta manera vemos que la estructura del método no varía lo único que varía es el valor de x (parámetro) para calcular la función.

En lo que respecta al diseño, los parámetros de un método tienen un nombre que lo identifica de forma única. Toda vez que el objetivo de un parámetro es almacenar información, también poseen un tipo de datos que determina la naturaleza su valor. Las reglas que aplicamos para indicar el nombre de un parámetro son las mismas que sugerimos para los nombres de métodos y de atributos. En cuanto a los tipos de datos usaremos los que hemos empleados hasta el momento: entero (**int**), real (**float**), carácter (**char**) etc.

La convención que seguiremos para diseñar métodos con parámetros, consiste en indicar cada parámetro con su tipo y nombre dentro de los paréntesis del método, separando por comas cada parámetro cuando existan varios. Así, por ejemplo, un método de tipo función que use parámetros para convertir una palabra como cadena de caracteres a su equivalente en mayúsculas podría ser como este:

String ConviertePalabra (**String** Palabra)

En donde observamos que el método *ConviertePalabra* define dentro de sus paréntesis un parámetro llamado *Palabra* y que se declara de tipo cadena de caracteres (**String**). Advierta que en la declaración del parámetro se señala primero el tipo de datos y luego el nombre del parámetro separados por uno o más espacios, de igual manera como se define un atributo. Consideremos ahora el siguiente método, que tiene por tarea sumar dos números enteros obtenidos desde parámetros:

int *sumar* (**int** *Num1*, **int** *Num2*)

Note que el método s*umar* define dos parámetros separados con una coma, llamados *Num1* y *Num2,* declarando ambos de tipo entero (**int**) e incluyéndolos dentro de paréntesis. Es conveniente resaltar que no es correcto que un método tenga parámetros con nombres repetidos, ni tampoco que el nombre de un parámetro sea igual al del método. En razón a ello la siguiente declaración del método *sumar* es incorrecta por que los dos parámetros tienen el mismo nombre (*Num*).

int *sumar r* (**int** ~~Num~~, **int** ~~Num~~)

1.8 Diferencias entre atributos y parámetros.

Hemos señalado hasta aquí que la clase tiene dos mecanismos con los cuales representar y almacenar información y que se corresponden con los conceptos de atributo y de parámetros. Partiendo de la similitud de estos conceptos, podemos encontrar diseños de clases con atributos y cuyos métodos no tengan parámetros. Estos casos los apreciamos en los primeros ejemplos tratados antes de que abordáramos el estudio de los parámetros, con lo cual diremos que el uso de parámetros no es estrictamente obligatorio para diseñar un método. El caso contrario también se pude dar, en cuanto existen clases que carecen de atributos, lo que significa que sus métodos reciben la información desde parámetros. Esto lo vemos en lenguajes que soportan el concepto de métodos de clase o también llamados métodos estáticos (static). Para ilustrar un ejemplo consideremos el problema de obtener las cuatro operaciones básicas entre dos números. La figura de la izquierda muestra el diseño de la clase *Operaciones_A* usando atributos y sin parámetros; la de la derecha presenta a la clase *Operaciones_P* usando parámetros, pero no atributos.

Operaciones_A	Operaciones_P
int Num1 *int* Num2	
Operaciones_A() *int* Sumar() *int* Restar() *int* Multiplicar() *float* Dividir()	Operaciones_P() *int* Sumar(*int* Num1,*int* Num2) *int* Restar(*int* Num1,*int* Num2) *int* Multiplicar(*int* Num1,*int* Num2) *float* Dividir(*int* Num1,*int* Num2)

En ambos casos, las dos clases obtienen los resultados de sumar, restar, multiplicar y dividir dos números enteros. Pero mientras que los métodos de la clase de la izquierda realizan las operaciones con base a los atributos, los métodos de la clase de la derecha emplea valores de parámetros. ¿Ahora bien, cual diseño es más apropiado?; cuando uno conviene más que el otro? Bien, las respuestas a estas preguntas requieren que comprendamos las diferencias entre atributos y parámetros, que nos darán las pautas para decidir cuándo usar uno u otro concepto en nuestros diseños.

La diferencia fundamental entre un atributo y un parámetro radica en que un parámetro es tratado como un dato que pertenece al método; es decir, es un valor privado del método y por lo tanto de uso local o exclusivo de este. En consecuencia, un parámetro solo existe para el método que lo declara, mientras que un atributo existe para todos los métodos de la clase y no es propiedad particular de alguno de ellos. Por lo tanto, un parámetro es de carácter local a un método, y un atributo es de carácter global para la clase, porque puede ser accedido y compartido por todos los métodos.

Así, por ejemplo, si los atributos *Num1* y *Num2* de la clase *Operaciones_A* toman los valores de 8 y 2 respectivamente, esperamos que los cuatro métodos de la clase operen sobre estos dos valores, pues son globales a toda la clase. En consecuencia, los resultados de sumar, restar, multiplicar y dividir serán 10, 6, 16 y 4. Para el caso de la clase *Operaciones_P*, cada método requiere que se especifique explícitamente el valor de los dos parámetros necesarios para efectuar la operación. Así, por ejemplo, si mandamos a sumar los números 5 y 7 estos dos valores no serán recordados por la clase para que puedan ser usados por los otros métodos; pues dichos valores sustituyen solo a los parámetros del método que se ejecuta en cada momento. Significa entonces que, si queremos realizar las cuatro operaciones con los números 5 y 7, debemos indicar a cada uno de los cuatro métodos que sus parámetros tomaran esos dos valores; no basta con hacerlo para una sola de las operaciones y esperar que los mismos valores se aplique al resto.

A propósito de esta diferencia, observe que los nombres de los parámetros para los métodos de la clase *Operaciones_P* son los mismos, lo cual tampoco es obligatorio; sin embargo, no hay problema en esto, pues se permite que dos métodos distintos tengan parámetros propios con nombres iguales. Ello se debe a lo señalado hasta aquí, ya que un parámetro es una característica propia del método que lo declara, toda vez que la existencia de un parámetro en un método no implica su existencia para otros métodos; es decir, que cada método está obligado a definir sus propios parámetros independientemente de los parámetros declarados por otros métodos. Advierta además que el hecho que dos o más métodos tengan parámetros con igual nombre y tipo, no significa, garantiza ni obliga a que los valores de dichos parámetros deban ser iguales.

En cuanto al tiempo de vida, y en virtud de la diferencia señalada anteriormente, resulta que un atributo existe durante toda la vida de la clase y de los objetos que se construyan con ella; o sea, que está disponible durante todo el ciclo de vida de los objetos. Entre tanto un parámetro existe solo durante la ejecución del método que lo contiene; esto es, que su ciclo de vida inicia cuando el método empieza a realizar su tarea y termina cuando este finaliza su trabajo. Para este caso, como decíamos anteriormente, si ejecutamos el método sumar con los valores de parámetros 2 y 5, dichos valores existen mientras que se realiza la operación de suma, una vez obtenido su resultado los datos de 2 y 5 son literalmente "destruidos" y después los otros métodos de resta, multiplicación y división no tienen conocimiento de la existencia de estos valores.

En el siguiente diseño presentamos la clase *Pago_Llamada* en su versión anterior (a la izquierda) empleando atributos y a la derecha usando los parámetros **int** *Dura* y **String** *Dest* que representan la duración y el destino de la llamada.

Pago_Llamada	Pago_Llamada
int Duracion **String** Destino	
Pago_Llamada() *int* Valor_Minuto() *int* Valor_Llamada()	Pago_Llamada() *int* Valor_Minuto(*int* Dura,**String** Dest) *int* Valor_Llamada(*int* Dura,**String** Dest)

El valor de un atributo es un dato que se considera interno y por ello le pertenece a la clase, donde cualquiera de sus métodos puede acceder a él; mientras que el valor de un parámetro puede ser un valor externo a la clase, ya que es factible que venga desde otra clase y solo es reconocible por el método que lo usa.

Recomendaciones para saber cuándo definir parámetros.

✓ Si un dato es requerido por varios métodos y debe ser el mismo para todos ellos, es decir, que el valor del dato tiene que conservarse sin cambios entre cada método, sugerimos que sea modelado como atributo.

Por ejemplo, si queremos hallar el resultado de la suma, resta, multiplicación y división de los números 5 y 3, es más apropiado usar la clase *Operaciones_A* que contendría a 5 y 3 como atributos.

✓ Si un dato es usado solo por un método o si su valor cambia con frecuencia para cada método, es conveniente representarlo como parámetro. Así podría ser más adecuada la clase *Operaciones_P* si necesitáramos hallar operaciones tales como 1public 5, 9–2, 4x5 y 12÷3 en las que los valores para cada operación de suma, resta, multiplicación y división son distintos entre sí. Para estos casos, en la clase *Operaciones_A* tendríamos que cambiar el valor de cada atributo antes de ejecutar cada método. Mientras que con la clase *Operaciones_P* que usa parámetros, solo debemos indicar el par de valores de cada operación en el momento de ejecutar cada método.

✓ Es preferible usar atributos cuando los datos de entrada que procesan los métodos deben ser guardados para uso posterior, en caso contrario si no es importante conservar dichos datos, preferiremos el empleo de parámetros.

Cuestionario

1. Señale las características de un método constructor.
2. Indique cual es la funcionalidad de un método destructor.
3. Diga cuál es la diferencia esencial entre un método de tipo función y uno de tipo procedimiento.
4. A que se refiere el tipo de datos de una función
5. Por qué el método destructor debería ser el último método en ser ejecutado por un objeto.
6. ¿El diseño de una clase siempre debe estar relacionado con el lenguaje de programación en que se va a implementar?

En qué consiste un parámetro.

Cuál es la función principal de un parámetro

Que se debe indicar en el diseño de un parámetro

Señale las diferencias entre atributos y parámetros.

Qué ventaja supone el uso de parámetros sobre los atributos.

Qué ventaja supone usar atributos en vez de parámetros

Por qué dos métodos pueden tener parámetros con el mismo nombre y un método no puede tener dos parámetros con el mismo nombre.

Ejercicios

Diseñe una clase con sus atributos y tipos de métodos apropiados para resolver los siguientes problemas:

Tenemos las notas definitivas de las cinco asignaturas matriculadas por un estudiante y se quiere saber cuál es su promedio general, cuántas aprobó y cuantas reprobó si la nota mínima para ganar una asignatura es de 3.0; además se debe indicar si el estudiante gano el semestre para lo cual debió ganar al menos tres asignaturas.

Dado un número "n" cualquiera se pide mostrar los n primeros números impares, mostrar los "n" primeros números negativos y calcular la suma de los "n" primeros números.

Hallar el valor de las funciones seno, coseno y tangente de un ángulo tomando como referencia el valor del ángulo y que se pueda escoger el sistema de mediada del ángulo entre sexagesimal o radian.

Tenemos tres números con los cuales se pide aumentar el primero con el doble del segundo y reducir el tercero a la mitad, además de encontrar el mayor y menor de los tres.

Para una factura a crédito se cobra un 5% de interés mensual sobre el total de la factura. Se quiere conocer cuantos meses se tienen que deber para que el valor del interés sea 2/3 del total, a cuánto asciende la deuda después de "n" años.

Conociendo los salarios de Juan, María, Pedro y Carmen se quiere determinar cuál de ellos gana más, el promedio de salarios y mostrar los nombres de las dos personas que ganan menos.

CAPITULO IV

IV.   ENCAPSULADO Y ACCESO A DATOS

Hasta ahora nos hemos enfocado en diseñar soluciones teniendo en cuenta los elementos básicos   del diseño de clases, para continuar es necesario aprender unas directrices o reglas de la programación orientada a objetos para el diseño de clases.

1 Encapsulado

El encapsulado consiste en el ocultamiento de los atributos de la clase y de los detalles de implementación de sus métodos. Define dos reglas, la primera aplicada a los atributos que señala que estos deben ser privados y no pueden ser accedidos directamente por fuera de la clase. La segunda regla se refiere a los métodos indicando que estos tienen que ser especializados, lo cual implica que realicen una sola tarea lo más simple posible.

1.1 Primera regla del encapsulado

Para comprender la razón de ser de la primera regla del encapsulado, tomemos en cuenta un atributo que almacene la edad de una persona y que declaramos de tipo entero (**int**). Al ser un número resulta que puede tomar cualquier valor, incluyendo por ejemplo números negativos; sin embargo, sabemos que la edad de una persona no puede ser negativa y la clase debería cuidar que el valor de la edad nunca sea negativo. Consideremos ahora un atributo que represente la nota de un estudiante, cuyo valor está comprendido en el rango de 0 a 5. Por supuesto que el tipo de datos para este atributo debe ser un número real (**float**), con el fin de poder almacenar en él tanto la parte entera como la decimal de la nota; como por ejemplo una nota de 3.8. Además, al ser un número real nuestro atributo bien puede contener un valor tal como 10, que viola el rango valido para la nota.

De los ejemplos señalados, vemos que el tipo de datos de un atributo no es suficiente para garantizar su integridad, ya que los valores que se almacenen en el atributo eventualmente pueden violar dicha integridad; caso en los cuales el contenido del atributo no es coherente con el significado real que estamos modelando con este. Por lo tanto, si la clase deja expuestos sus atributos para que desde fuera de ella estos puedan ser cambiados, siempre estará en peligro la validez de los datos contenidos en sus atributos, pues la clase no va a ejercer un control adecuado sobre los valores tomados por sus atributos. En este sentido, la solución recae sobre la primera regla del encapsulado, que siguiere proteger los atributos de la clase haciéndolos privados, con el fin de evitar que se accedan directamente desde fuera de ella. En consecuencia, debemos disponer de mecanismos que no solo ocultan los atributos de la clase, sino que también validan la integridad de los datos que provienen fuera de ella y que se quieren asignar a los atributos antes de guardarlos en estos.

1.5 Áreas de visibilidad

Para especificar y garantizar el cumplimiento de la primera regla del encapsulado, contamos con diferentes áreas de visibilidad que se establecen en una clase. Las áreas de visibilidad entonces señalan el nivel de acceso y ocultamiento que tienen no solo los atributos sino también los métodos de una clase. Las secciones o áreas de visibilidad de una clase son las siguientes:

clase

Sección Privada

Atributos, Métodos

Sección Protegida

Atributos, Métodos

Sección Publica

Métodos

Sección Privada: En esta sección se declaran los atributos y métodos ocultos de la clase y que solo están disponibles dentro de esta; es decir, atributos y métodos que no pueden ser accedidos desde fuera de la clase. Precisamente el uso del área privada es el mecanismo empleado para garantizar el cumplimiento de la primera regla del encapsulado, por lo que los atributos deben ser ubicados en esta área. Sin embargo, cabe anotar que a los métodos que pertenecen a la misma clase se les permite acceder directamente a los atributos de esta, sin que ello viole la privacidad de los atributos e incumpla la primera regla del encapsulado.

Dado su nivel de ocultamiento los métodos no deberían estar en el área privada, pues como sabemos los métodos representan los servicios que la clase presta y es ilógico tenerlos ocultos, ya que no habría forma de poder utilizarlos dejando a la clase inservible. No obstante, algunos métodos pueden ser privados, por ejemplo, el caso de aquellos métodos que solo son empleados por otros métodos y no tienen mayor importancia fuera de la clase; es decir, que solo son de uso interno o exclusivo para la clase a la que pertenecen.

Sección Protegida: En esta área se declaran los atributos y métodos de la clase que pueden ser accedidos por sus propios métodos y por los métodos de sus descendientes (clases hijas) dentro de una jerarquía de clases. Esta área toma importancia cuando empleamos el concepto de herencia, que analizamos en otro capítulo y por el momento no será usada en los diseños.

Sección Pública: El área publica está reservada para declarar atributos y métodos para los que la clase concede acceso completo por fuera de ella. Con el objetivo de no violar la primera regla del encapsulado debemos evitar tener atributos en esta área.

Como ejemplo veamos una clase para calcular la hipotenusa, el área y el perímetro de un triángulo rectángulo conocidos las longitudes de sus dos catetos. Los atributos de la clase son *Cateto1* y *Cateto2* ambos números reales (**float**) y están en el área privada por lo que van precedidos por private En cuanto a los métodos que obtienen la hipotenusa, el área y el perímetro serán funciones de tipo real (**float**) y públicos por lo que se preceden por **public**, quedando el diseño de la clase que llamaremos *TrianguloRect* así:

```
TrianguloRect
Private float cateto1
Private float cateto2
Public TrianguloRect()
Public float CalcularHipotenusa()
Public float CalcularArea()
Public float CalcularPerimetro()
```

1.6 Métodos modificadores y selectores

No obstante, al carácter de privacidad de un atributo, una clase debe permitir asignar, modificar y conocer o consultar el valor actual de cada uno de sus atributos cuando así sea necesario. Para ello la primera regla del encapsulado debe complementarse, disponiendo en la clase de métodos especializados que permitan acceder, de forma indirecta, a los atributos desde su exterior. Dichos métodos por su puesto son públicos y pueden usarse desde fuera de la clase; requiriéndose dos por cada atributo: uno para asignar o modificar el valor del atributo y otro para consultar y poder usar dicho valor; veamos ahora cada uno de estos métodos.

1.3.1 Métodos modificadores

Un método modificador es el que permite asignar o cambiar el valor de un atributo desde fuera de la clase, toda vez que en virtud de la primera regla del encapsulado todo atributo es privado y por ello no existe acceso directo a el desde el exterior de la clase, impidiendo que desde allí sea posible darle un valor al atributo. Como podemos deducir, todo método de la clase tiene permiso de cambiar el valor de cualquiera de sus atributos, lo cual no es muy común. Sin embargo, esto no es posible desde fuera de la clase, es decir desde métodos de otras clases y para ello habilitamos los métodos modificadores.

En su diseño, todo método modificador requiere de parámetros que representan el valor que se va a asignar o guardar en el atributo. Este parámetro debe tener un tipo de datos igual al del atributo por cuestiones de compatibilidad. Significa entonces, que si tenemos un atributo de tipo entero (**int**) el diseño de su método modificador declara un parámetro también de tipo entero, que suponemos contendrá el valor que se le quiera dar al atributo. Por su puesto que la validación de la integridad del dato que se quiere asignar al atributo es parte de la implementación de su método modificador; y por lo tanto dicho método es quién protege al atributo de intentos de asignación de valores inválidos. Los métodos modificadores además se diseñan como métodos de tipo procedimiento (**void**), pues una vez que validen y asignen el valor del atributo al que brindan acceso no deben retornar un dato como resultado de esta operación.

A efectos del nombre de un método modificador, se recomienda utilizar identificadores estándares con el fin de distinguirlos de los otros métodos. La importancia de esto radica en que el usuario de una clase debe reconocer con facilidad cuales son los métodos que brindan acceso a los atributos, dado que estos están ocultos. La regla que sugerimos y aplicaremos a partir de aquí para asignar nombres a métodos modificadores indica que el nombre de estos métodos empiece por un prefijo único y terminen con el nombre del atributo para el cual brindan acceso.

> *Para nombrar métodos modificadores de atributos empleamos el prefijo set terminando en el nombre del método con el nombre del atributo en cuestión*

Así si tenemos un atributo declarado como **private String** *Apellidos*, su método modificador con el prefijo s*et* seria **public void** *setApellidos*(**String** *Ape*). Note que estos métodos como se ha señalado anteriormente son de tipo procedimiento (**void**) y además por ser públicos se preceden por **public** Igualmente definen un parámetro (*Ape*), que es del mismo tipo de datos del atributo y que contiene el valor que se le va a dar a este. La misma idea se sigue para nombrar el resto de métodos modificadores de la clase, es decir, para un atributo como **private int** *Telefono,* su método modificador queda así: **public void** *setTelefono(***int** *Tel)*.

la clase *Empleado* con sus dos atributos **private int** *NumHoras* y **private int** *PrecioHora* sus métodos modificadores respectivos pueden diseñarse como **public void** set*NumHoras(***int** NumH*)* y **public void** set*PrecioHora(***int** PreH*)* siendo *NumH* y *PreH* parámetros del mismo tipo del atributo y que contendrán el valor que se le va a asignar a estos en cada caso. Incluyendo estos métodos modificadores la clase *Empleado* queda así:

Empleado
Private int Numhoras
Private int PrecioHora
Public empleado()
Public Void setNumHoras(int NumH)
Public Void SetPrecioHora(int PreH)
Public float salario_Basico()
Public float Subsidio_Transporte()
Public float Salario_Neto()

En cuanto al nombre del parámetro de un método modificador no existen reglas para identificarlo, sin embargo, normalmente usamos una abreviatura relacionada con el nombre del atributo que le corresponde a dicho método. En general, el nombre empleado para este parámetro debe seguir las mismas reglas aplicadas a cualquier otro parámetro, pero adicionalmente recomendamos que tal nombre no sea igual a los usados para identificar atributos y métodos de la clase, con objetivo de evitar confusiones.

1.3.2 Métodos selectores

Un método selector es el que tiene por tarea dar a conocer el valor que está contenido en un atributo; es decir, si queremos usar el dato guardado en un atributo para efectuar alguna operación con dicho valor debemos ejecutar el método selector del atributo, lo cual es obligado si el valor del atributo es necesitado fuera de la clase; es decir, desde métodos de otras clases, pues como se ha señalado, los métodos que pertenecen a la misma clase bien pueden tener acceso directo a sus atributos sin quebrantar la primera regla del encapsulado.

En cuanto a su diseño, todo método selector se modela como método de tipo función, ya que su tarea es indicar o retornar el valor contenido en el atributo. De este modo el valor devuelto por un método selector debe ser del mismo tipo de datos del atributo al que accede dicho método; así por ejemplo, si tenemos un atributo cuyo tipo es real (**float**) la función que representa a su método selector también es declarada de tipo real.

Para nombrar métodos selectores de atributos empleamos el prefijo get terminando en el nombre del método con el nombre del atributo en cuestión

.

Por ejemplo para un atributo como **private String** *Apellidos* el método selector con el prefijo *get quedaria* **public String** get*Apellidos().* Como ya hemos indicado, un método selector es público y por ello se debe preceder por el **public**, además de ser una función cuyo tipo es igual al tipo del atributo que se accede con dicho método; en particular, como en el ejemplo el atributo es de tipo cadena de caracteres (**String**) por ello su método selector también se declara como **String**. De forma análoga debemos proceder para nombrar el resto de métodos selectores para cada uno de los atributos de la clase, así para el caso de un atributo como **private int** *Telefono* el método selector puede quedar **public int** *getTelefono().* De aquí en adelante adoptaremos el prefijo *get* para nombrar métodos selectores.

Retomando nuevamente la clase *Empleado* con sus dos atributos **private int** *NumHoras* y **private int** *PrecioHora* sus métodos selectores se diseñan con las funciones **public int** get*NumHoras()* y **public int** get*PrecioHora()* de modo que la clase queda como:

Empleado
Private int Numhoras
Private int PrecioHora
Public empleado()
Public Void setNumHoras(int NumH)
Public Void SetPrecioHora(int PreH)
Public int GetNumHoras()
Public int GetPrecioHora()
Public float salario_Basico()
Public float Subsidio_Transporte()
Public float Salario_Neto()

Así mismo agregando los métodos modificadores y selectores para los atributos de la clase *Pago_Llamada* tenemos:

Pago_Llamada
Private int Duracion
Private string Destino
Public *Pago_Llamada* ()
Public Void setNumDuracion(int dur)
Public Void Destino(string Des)
Public int GetDuracion()
Public string GetDestino()
Public int Valor_Minuto()

```
Public  int Valor_llamada()
```

De todas maneras, es necesario señalar que siempre debemos usar los mismos prefijos para todos los métodos modificadores y selectores en todos los diseños, con el objetivo que sean lo más homogéneos posibles y mejor entendibles. Sin embargo, tenga en cuenta que el cambio de prefijos de un diseño a otro no implica un cambio en el concepto que estamos modelando.

1.7 Segunda regla del encapsulado

La segunda regla del encapsulado señala que un método debe ser especializado, lo cual sugiere que la implementación de un método sea lo más sencilla y corta posible; ya que entre más simple sea la implementación de un método más fácil será la corrección y depuración de errores en el mismo. La consecuencia de encapsular un método significa dividirlo en otros más pequeños con lo cual la clase tendera más métodos. Se trata de aplicar entonces aquella frase que dice "divide y vencerás". Recuerde que el conjunto de métodos de una clase representa los servicios que ella presta, es decir, indican lo que la clase es capaz de hacer; por supuesto que una clase será más importante y útil cuantos más servicios pueda desempeñar. En este sentido piense que una clase es como una calculadora y que los métodos son la función desempeñada por cada uno de sus botones. Queda claro que entre más botones (métodos) tenga la calculadora más completa, útil y avanzada será. De forma similar se razona con una clase; el encapsulado de un método permitía no solo la simplicidad en la codificación de un método sino también la ampliación de las utilidades de la clase.

Para ilustrar mejor la importancia de la segunda regla del encapsulado, consideremos el problema de diseñar una clase para hallar el resultado de una expresión numérica, que consiste en obtener el promedio de tres números y luego sumarle el producto del mayor con el menor de esos mismos tres números. Digamos además que el método encargado de efectuar esta operación es una función de tipo real (**float**), pues debe retornar un valor numérico que incluye divisiones y se define como **public float** *CalcularExpresion()* quedando el diseño de la clase como sigue:

```
Expresion
Private int num1
Private int Num2
Private int Num3


Public Expresion()
Public void setNum1(int n1)
Public void setNum2(int n2)
Public void setNum3(int n3)
Public int geNum1()
Public int geNum2()
Public int geNum3()
Public float CalcularExpresion()
```

Sin pretender entrar en detalles de implementación suponemos que para obtener el resultado de la expresión primero calculamos el promedio de los tres números; luego hallamos el mayor y después el menor. Seguidamente calculamos el producto del mayor con el menor y este resultado se lo sumamos al promedio obtenido al principio.

La idea del encapsulado consiste entonces en realizar cada una de estas operaciones en un método a parte; es decir, tendríamos un método para el promedio, uno para el mayor y otro para el menor; siendo el método promedio función de tipo real (**float**) y los métodos para mayor y menor funciones de tipo entero (**int**). El método que calcula la expresión final haría uso de los métodos anteriormente señalados para hallar su propio resultado, es decir, sumarle al promedio el producto del mayor con el menor.

```
Expresion
Private int num1
Private int Num2
Private int Num3
Public Expresion()
Public void setNum1(int n1)
Public void setNum2(int n2)
Public void setNum3(int n3)
Public int geNum1()
Public int geNum2()
Public int geNum3()
Public int CalcularMayor()
Public int CalcularMenor()
Public int CalcularPromedio()
Public float CalcularExpresion()
```

Aun así, es posible llevar el encapsulado más lejos. Si tenemos en cuenta que el promedio es la suma de los tres números dividida por tres, podemos realizar dicha suma en un método aparte, que además será empleado por el método de promedio para que lo divida por tres y de su propio resultado.

```
Expresion

Private int num1
Private int Num2
Private int Num3

Public Expresion()
Public void setNum1(int n1)
Public void setNum2(int n2)
Public void setNum3(int n3)
Public int geNum1()
Public int geNum2()
Public int geNum3()
Public int CalcularMayor()
Public int CalcularMenor()
Public int CalcularSuma()
Public int CalcularPromedio()
Public float CalcularExpresion()
```

Si comparamos los diseños en general todos hacen lo que se está pidiendo y hasta allí no hay diferencias. Sin embargo, la ventaja del diseño encapsulado está en el número de métodos adicionales que tiene disponible. Recuerde lo que hemos dicho al respecto: con las clases creamos objetos y en la vida real un objeto es más valioso cuanto más funciones o utilidades preste. Si consideramos por ejemplo que cada método representa la función de un botón en una calculadora (sin contar los métodos constructores y destructores), con el primer diseño podemos construir una calculadora con un solo botón, mientras que con el segundo una con cuatro botones y con el tercero tendríamos una calculadora con cinco botones; por lo tanto, más completa. En resumen, el primer diseño solo nos sirve para calcular el valor de la expresión planteada, pero el tercero además de esto nos sirve también cuando solo necesitemos el mayor de tres números, o el menor de tres números; igualmente si queremos hallar la suma de tres números o el promedio de tres números el tercer diseño puede hacerlo.

Veamos el ejemplo de la clase CalculadoraPiscina aplicando todos los conceptos vistos hasta ahora.

CalculadoraPiscina
Private int Largo
Private int Ancho
Private int Profundidad
Private float PrecioMExcavacion
Private   float PrecioMconcretoParedes
Private float PrecioMconcretoPisos
Private float PrecioMEnchape

```
Public CalculadoraPiscina()
Public void SetLargo( int l)
Public void SetAncho( int a)
Public void SetProfundidad( int p)
Public void SetPrecioMExcavacion ( float pe)
Public void Set PrecioMconcretoParedes ( float ppared)
Public void Set PrecioMconcretoPisos ( float ppisos)
Public void Set PrecioMEnchape ( float penchape)
Public int GetLargo()
Public int GetAncho()
Public int GetProfundidad()
Public float GetPrecioMExcavacion()
Public float GetPrecioMconcretoParedes()
Public float GetPrecioMconcretoPisos()
Public float GetPrecioMEnchape()
Public float CalcularMtsCubicos()
Public float  CalcularCostosExcavacion()
Public float CalcularMtsParedesLargo()
Public float CalcularMtsParedesAncho()
Public float CalcularMtsPisos()
Public float CalcularEnchapes()
Public float CalcularVolumenAgua()
Public float CalcularCostosParedes()
Public float CalcularCostosPisos()
Public float CalcularCostosEnchape()
Public float CalcularcostoAgua()
Public float CalcularCostosQuimicos()
Public float TotalCostoPiscina()
```

Podemos analizar en esta solución la aplicación de las 2 reglas del encapsulado ya que tenemos definido las áreas protección y acceso de los datos y se diseñaron métodos con la simplicidad de operaciones para que se pueda establecer cualquier consulta en el presupuesto de las piscinas según lo planteado en el problema.

Para finalizar con el tema del encapsulado debemos señalar que este permite implementar el concepto de abstracción; el cual sugiere ocultar los detalles de implementación que tienen los métodos, con el fin de que para ser usados no se haga necesario conocer como han sido implementados, sino que baste solo saber el diseño o prototipo del método (su nombre y lista de parámetros); es decir, que para emplear un método solo debemos conocer su nombre, parámetros y lo que hace el método, no como lo hace. Piense en esto con la idea de que para manejar un carro usted no necesita conocer cómo funciona internamente, por ejemplo, no requiere saber cómo opera el motor, solo debe conocer la interfaz que el carro dispone para que usted lo maneje; por ejemplo, conocer el tablero de control y que función cumple cada uno de sus elementos, que para una clase se reduce a saber que métodos tiene y para qué sirven.

Cuestionario

1. Que señala la primera regla del encapsulado en relación a los atributos.
2. Qué ventaja supone aplicar la primera regla del encapsulado
3. Qué señala la segunda regla del encapsulado con respecto a los métodos
4. Qué significa encapsular un método
5. Qué definen las áreas de visibilidad para una clase.
6. Señale las características y simbología en UML para cada una de las áreas de visibilidad.
7. Qué sucede si ubicamos todos los atributos de la clase en el área publica
8. Qué pasa si ponemos todos los métodos de una clase en el área privada.
9. En qué consiste el concepto de abstracción
10. Explique para que se usan los métodos modificadores y selectores.
11. Qué representa el parámetro definido por un método modificador.
12. Que puede pasar si un atributo privado no tiene método modificador

Ejercicios

Diseñar una clase que permita al administrador de un banco controlar la cantidad de dinero que entra mensual en una de sus cajas durante 5 meses teniendo en cuenta lo siguiente:

mes	dinero que entra
enero	valorX
febrero	70% de enero $
marzo	90% de enero $
abril	50% de marzo $
mayo	95% de marzo $

La empresa de ingenieros ingercasas gano un proyecto para construir 20 casas, por lo cual se hace necesario un software que calcule el presupuesto de cada casa y el total del proyecto teniendo en cuenta los siguientes aspectos:

Para cada casa se determina un área de construcción de 70 mts cuadrados, repartidos así::

 2 alcobas de 4 mts largo x4 mts ancho y 2,5 metros de alto. 1 baño de 2 mts largo x 1,5 mts ancho y 2,5 metros alto y una cocina de 3 mts ancho x 3 mts largo por 2.5 metros de alto. El total del techo se considera 12 mts cuadrados más que el área de construcción.

Los costos de construcción están determinados por la cantidad de materiales así::

las paredes se cobran por metro cuadrado, si para cada metro cuadrado se requiere 10 bloques, ½ bolsa de cemento 4 latas de arena y 4 horas de trabajador.

Para construir los pisos por metro cuadrado se requiere 1 bolsa de cemento, 1 varillas de ½, 1 varilla de ¼. 4 latas de arena y 2 latas de triturado y 8 horas de trabajador-

Para colocar el techo se requiere por metro cuadrado, 2 láminas ethernit de 1 metro, 2 listones 2x2, 1 listón 2x4.y 2 horas trabajador

El valor de los materiales (bloques, listones, cemento lata arena, lata de triturado, valor hora hombre, tejas) es variable por lo cual es indispensable actualizarlo en cualquier momento al igual que el valor de la hora trabajador.

Diseñar la clase que permita resolver este problema para la empresa.

CAPITULO V

V.   JAVA Y LA IMPLEMENTACION DE METODOS

Hasta ahora hemos abordado el concepto de diseño de la programación orientada a objetos en donde definimos que hace el objeto y que métodos se usan, la siguiente fase implica como los métodos que hemos diseñados va ejecutar las acciones, es decir vamos a definir el comportamiento interno de los métodos y el ámbito computacional de la clase, para eso comenzaremos a estudiar los elementos básicos del lenguaje JAVA.

Definición de una clase en Java

```
Class Identificador


{  private
    Tipo de dato Identificador de Atributos;
    public
    Tipo dato Identificador del método()   {implementación del método}
    }
```

Ahora retomaremos los ejercicios planteados al principio y veremos su respectiva solución aplicando todos los conceptos estudiados hasta este momento, la parte de implementación de los métodos la abordamos más adelante en este capítulo, por ahora nos enfocamos en el diseño de la clase. Para respetar la aplicación del encapsulado los métodos de pedir información y mostrar información se diseñan en la sección pública.

Veamos el diseño de la clase

<table>
<tr><td>Empleado</td></tr>
<tr><td>Private int Numhoras
Private int PrecioHora</td></tr>
<tr><td>Public empleado()
Public Void setNumHoras(int NumH)
Public Void SetPrecioHora(int PreH)
Public int GetNumHoras()
Public int GetPrecioHora()
Public float salario_Basico()
Public float Subsidio_Transporte()
Public float Salario_Neto()</td></tr>
</table>

En java quedaría así:

```java
Public class  Empleado
 {
 Private int  NumHoras, PrecioHora;
   public Empleado ()    { implementación}
   public Void setNumHoras(int NumH){ implementación}
   public Void SetPrecioHora(int  PreH) { implementación}
   public int GetNumHoras(){ implementación}
   public  int GetPrecioHora(){ implementación}
   public  float salario_Basico(){ implementación}
   public  float Subsidio_Transporte(){ implementación}
    public float Salario_Neto(){ implementación}
}
```

Explicación:

En la estructura definida en la clase notamos varios aspectos de importancia:

Comenzamos la clase con las palabras reservadas **public class** y el nombre de la clase, seguido del signo **{,** que indica el comienzo de la clase

Declaramos   dos atributos (NumHoras, PrecioHora) que como se definió deben poseer un dominio (tipo de dato) que para el caso es int, la razón para ello, es que son valores enteros.

Los dos atributos se encuentran en la sección privada atendiendo a la regla del encapsulamiento que nos dice que debemos proteger todos los atributos.

Definimos   la sección pública donde tenemos los métodos siguientes:

un constructor al cual le llamamos como el mismo nombre de la clase **Empleado()**

Se diseñan 4 métodos para acceder a los atributos:

2 para llevar la información

public Void setNumHoras(int NumH){ }

public Void SetPrecioHora(int PreH) { } con su respectivo parámetro cada uno.

2 para traer la información

public int GetNumHoras(){ }

public int GetPrecioHora(){ }

Seguidamente se diseñan los métodos que han de ser las acciones para lo cual se ha diseñado la clase, siendo éstos

public float salario_Basico(){ }

public float Subsidio_Transporte(){}

public float Salario_Neto(){ }

*Todos los métodos comienzan con el símbolo **{**, terminan un **;** y con el símbolo **}***

Cabe anotar hacer referencia en la sintaxis del lenguaje java la definición de los métodos en java implica la implementación del código de los mismo dentro de la clase, algo que comenzaremos a estudiar de aquí en adelante.

Por último y no menos importante debemos cerrar o terminar la clase con el símbolo}

Implementación de los métodos

Cuando se diseñan las clases y especifican los métodos se sabe cuáles son las acciones que puede cumplir dicha clase. Bien ahora profundizaremos en cómo esos métodos son capaces de resolver su propia tarea usando el código necesario para que trabaje adecuadamente. Los métodos tipo función deben retornar el valor después de hacer las operaciones, para lo cual se usa la palabra reservada **return** y el dato a retornar.

Lo primero que estudiaremos es como hacemos para que interactúen los métodos con los atributos de una manera básica.

Asignación

Es la acción de la manipulación de los datos ya sea guardar un valor en algún atributo o hacer operaciones con datos y guardar los resultados. El símbolo que se utiliza para asignar es el **=**, y consiste en guardar los valores que estén a la derecha del símbolo **=** en el elemento (atributo o variable) que se encuentre a la izquierda, cada vez que se haga una asignación el valor guardado en el elemento (atributo o variable) de la izquierda se actualizará.

Veamos:

Asignación Directa: Consiste en guardar el valor de manera que no dependa sino del dato mismo.

Por ejemplo, queremos guardar el valor 5 en el atributo Numero:

Numero = 5; y si luego decimos

Numero = 10, el valor guardado actualmente de Numero será 10, el valor 5 se actualizo y ya no está guardado.

Asignación Indirecta: Consiste en guardar el valor de un dato dependiendo de la operación de otros datos que interactúan.

Por ejemplo: vamos a guardar en a la operación de x + y.

a = x + y;

entonces a depender de los valores que tomen x, y.

así : **x**=10; **y**=8;

entonces si decimos **a = x + y**;

 tendrá 18

Todas las instrucciones terminan con el símbolo;

Para efectuar operaciones cuando asignamos valores tengamos en cuenta los operadores aritméticos que JAVA nos presenta, ver cuadro

Operación	Símbolo	Ejemplo
Resta	-	x = 5-3
Suma	+	a = a + b
División	/	z = 3 / 9

Multiplicar	*	área = base * altura

Ahora veamos como aplicamos estos conceptos en la implementación de los métodos de la clase empleado

```java
Public class Empleado
 {
   private int  NumHoras, PrecioHora;
   public Empleado () {
      NumHoras =0;
      PrecioHora =0;
   };
   public Void setNumHoras(int NumH) {
      NumHoras = NumH ;
   }
   public Void SetPrecioHora(int  PreH) {
      PrecioHora= PreH;
   }
   public int GetNumHoras(){
return  NumHoras ;
   }

   public  int GetPrecioHora(){
return PrecioHora;
   }
   public  float salario_Basico(){
       return  GetPrecioHora () * GetNumHoras();
   }
   public  float Subsidio_Transporte(){
```

```
   float subsidio;
   subsidio = (salario_Basico() * 5) /100;
   return subsidio;
      }
      public float Salario_Neto(){
return salario_Basico() + Subsidio_Transporte();
      }


}
```

Análisis

Luego de aplicar los criterios de asignación podemos observar que:

El constructor le está asignado valores de 0 a los atributos, esto se conoce como inicializar los atributos y se hace para asegurarnos de que no comiencen con ningún valor.

Los métodos setNumHoras y SetPrecioHora asignan lo que le pasamos como parámetros a los atributos, pero no tienen contenido, estos valores se le dan cuando se use la clase.

Los métodos GetPrecioHora y GetNumHoras retornan el valor de cada atributo usando la palabra reservada **return** y el nombre del atributo respectivo.

El método salario_Basico retorna la operación de multiplicar el método GetNumHoras con el método   GetPrecioHora, ya que ellos retornan los valores que estén guardados en sus atributos respectivos.

El método Subsidio_Transporte hace la operación de multiplicar el método salario_Basico por 5 y luego esa multiplicación la divide entre 100, nótese que en este método utilizamos un elemento internamente llamado **subsidio** es lo que se conoce como una variable de método y permite hacer las operaciones dentro del método, esta variable solo es reconocida por el método que la usa, en este caso el método llamado Subsidio_Transporte.

Por último, el método Salario_Neto lo único que hace es sumar los métodos salario_Basico y Subsidio_Transporte y retornar el resultado.

Como se puede observar la implantación hace que se utilicen los métodos por otros métodos, haciendo más simple la escritura de código, esto se debe al tiempo que se dedica en el diseño para definir todos los elementos de la clase.

Ahora Implementemos en java la clase CalculadoraPiscina

Diseño de clase

CalculadoraPiscina
 Private int Largo
Private   int Ancho
Private int Profundidad
Private float PrecioMExcavacion
Private   float PrecioMconcretoParedes
Private float PrecioMconcretoPisos
Private float PrecioMEnchape
Public CalculadoraPiscina()
Public void SetLargo(int l)
Public void SetAncho(int a)

Public void SetProfundidad(int p)

Public void SetPrecioMExcavacion (float pe)

Public void Set PrecioMconcretoParedes (float ppared)

Public void Set PrecioMconcretoPisos (float ppisos)

Public void Set PrecioMEnchape (float penchape)

Public int GetLargo()

Public int GetAncho()

Public int GetProfundidad()

Public float GetPrecioMExcavacion()

Public float GetPrecioMconcretoParedes()

Public float GetPrecioMconcretoPisos()

Public float GetPrecioMEnchape()

Public float CalcularMtsCubicos()

Public float calcularCostosExcavacion()

Public float CalcularMtsParedesLargo()

Public float CalcularMtsParedesAncho()

Public float CalcularMtsPisos()

Public float CalcularEnchapes()

Public float CalcularVolumenAgua()

Public float CalcularCostosParedes()

Public float CalcularCostosPisos()

Public float CalcularCostosEnchape()

Public float CalcularcostoAgua()

Public float CalcularCostosQuimicos()

Public float TotalCostoPiscina()

Implementación en JAVA

```java
Public class CalculadoraPiscina {

Private int Largo;
Private   int Ancho;
Private int Profundidad;
Private  float PrecioMExcavacion;
Private   float PrecioMconcretoParedes;
Private  float PrecioMconcretoPisos;
Private  float PrecioMEnchape;
Public CalculadoraPiscina(){Largo=0;
Ancho=0;  Profundidad =0; PrecioMExcavacion=0; PrecioMconcretoParedes =0;
   PrecioMconcretoPisos =0; PrecioMEnchape=0;
}
 Public void SetLargo( int l){
   Largo=l;
}

 Public void SetAncho( int a) ){
   Ancho=a;
 }

 Public void SetProfundidad( int p) ){
   profundidad=p;
 }
```

```java
Public void SetPrecioMExcavacion ( float pexcava){
 PrecioMExcavacion =pexcava;
}


Public void SetPrecioMconcretoParedes ( float ppared) ){
  PrecioMconcretoParedes =ppared;
}


Public void SetPrecioMconcretoPisos ( float ppisos) ){
 PrecioMconcretoPisos =ppisos;
}


Public void SetPrecioMEnchape ( float penchape) ){
 PrecioMEnchape =penchape;
}


Public int GetLargo(){
 return Largo;
}
Public int GetAncho(){
 return Ancho;
}
Public int GetProfundidad(){
 return  Profundidad;
}
Public float GetPrecioMExcavacion(){
  return PrecioMExcavacion;
}
```

```java
Public float GetPrecioMconcretoParedes(){
  return PrecioMconcretoParedes;
}

Public float GetPrecioMconcretoPisos(){
   return PrecioMconcretoPisos;
}

Public float GetPrecioMEnchape(){
     return PrecioMEnchape;
}
 Public float CalcularMtsCubicos(){
   float calcular;
   calcular =  GetLargo() * GetProfundidad()  * GetAncho();
   return calcular;
}
Public float CalcularMtsParedesLargo(){
  float calcular;
   calcular =  ( GetLargo() * GetProfundidad() ) * 2;
   return calcular;
}

Public float CalcularMtsParedesAncho(){
    float calcular;
    calcular =  ( GetAncho() * GetProfundidad() ) * 2;
    return calcular;
}
```

```
Public float CalcularMtsPisos(){
   float calcular;
    calcular =  GetLargo() * GetAncho();
    return calcular
 }


Public float CalcularEnchapes(){
   float calcular;
    calcular= CalcularMtsParedesLargo() + CalcularMtsParedesAncho();
    return calcular;
 }


Public float CalcularVolumenAgua(){
  float calcular;
    calcular= CalcularMtsCubicos() * 1000;
    return calcular;
}


Public float CalcularCostosParedes(){
   float calcular;
calcular=  (  CalcularMtsParedesLargo()  +  CalcularMtsParedesAncho()  )  *
GetPrecioMconcretoParedes()
   return calcular;
 }


Public float CalcularCostosPisos(){
  float calcular;
    calcular= CalcularMtsPisos() * GetPrecioMconcretoPisos();
    return calcular;
```

```
}

Public float  CalcularCostosExcavacion(){
 float calcular;
   calcular= GetPrecioMExcavacion() * CalcularMtsCubicos();
   return calcular;
 }


Public float CalcularCostosEnchape(){
  float calcular;
calcular=(CalcularMtsPisos()+CalcularMtsParedesLargo()+
CalcularMtsParedesAncho() ) * GetPrecioMEnchape() ;
   return calcular;
 }
Public float CalcularcostoAgua(){
  float calcular;
   calcular= CalcularVolumenAgua() * 50;
   return calcular;
 }
Public float CalcularCostosQuimicos(){
  float calcular;
   calcular=(CalcularVolumenAgua() / 1000) * 400;{
   return calcular;
 }


Public float TotalCostoPiscina(){
  float calcular;
calcular=           CalcularCostosParedes()    +    CalcularCostosPisos()    +
CalcularCostosExcavacion()        +          calcularCostosExcavacion()           +
```

```
CalcularCostosEnchape() + CalcularcostoAgua() +  CalcularCostosQuimicos();
   return calcular;
   }
}
```

*Al analizar la codificación podemos observar que los métodos hacen una sola operación simple permitiendo entender fácilmente cada situación, esto conlleva a que tengan que utilizar entre ellos los métodos de la clase. además, se puede observar que en todos los métodos de operaciones se utiliza la variable de método para realizar las operaciones con el mismo nombre, **calcular**, esto se puede porque dicha variable solo es reconocida por el método que la usa, pero está definida en todos los métodos del mismo tipo **float**.*

CAPITULO VI

VI.   CONDICIONALES Y CICLOS

1.   Estructuras condicionales:

En la implementación de los métodos se escriben una serie de instrucciones que son las que le dan operatividad, es decir, determinan en una forma organizada, detallada, precisa y lógica lo que cada método debe hacer, por lo tanto, de acuerdo a cada método así debe ser cuerpo de instrucciones.
Hasta ahora hemos visto que estas instrucciones pueden consistir en la declaración de variables, en el llamado o activación de métodos dentro de otros, en la asignación de un dato a una variable, atributo o función y también hemos trabajado con operaciones de cálculo matemático.

Todas estas instrucciones tratadas hasta el momento se ejecutan en forma secuencial una por una y en orden explícito. Sin embargo, muchos casos de implementación nos plantean el rompimiento de esta linealidad de tal manera que podamos ejecutar o no ciertas instrucciones de acuerdo a unas condiciones determinadas; pudiendo así tomar decisiones dentro de la implementación de algún método de nuestras clases.

Veamos el siguiente ejemplo

Un Profesor de informática desea controlar las notas de su asignatura de programación, el profesor va a hacer 3 evaluaciones dándole un porcentaje a cada a cada evaluación de la siguiente manera:
Primera evaluación   30%
Segunda evaluación 28%
tercera evaluación   42%

El profesor plantea que para aprobar la asignatura se debe tener un promedio de 3.5, además desea saber si en una sola evaluación le fue mal al estudiante y en cual, para reforzar los temas evaluados.

Diseño en Java

```java
Public class Estudiante
{
    private float primeranota;
    private float segundanota;
    private float terceranota;

    public Estudiante() { implementacion}
    public void SetNota1(float valnota1) { implementacion}
    public void SetNota2(float valnota2) { implementacion}
    public void SetNota3(float valnota3) { implementacion}
    public float  Getnota1(){ implementacion}
    public float Getnota2(){ implementacion}
    public float Getnota3(){ implementacion}
    public float PromedioNota1(){implementacion}
    public float PromedioNota2(){implementacion}
    public float PromedioNota3(){implementacion}
    public float CalculaPromedio(){ implementacion}
    public boolean  EvaluaAprobacion(){ implementacion}
    public string Notamenor(){ implementacion}
};
```

Observaciones

La función calculapromedio() se encarga de tomar cada nota y multiplicarla por su porcentaje para luego sumarlas las tres.

La función evaluaaprobacion() deberá evaluar en qué rango está el valor que devuelve la función calculapromedio()   para determinar si devuelve verdadero por aprobado o falso por reprobado.. un valor lógico es determinado por un tipo de dato boolean.

La función notamenor() deberá evaluar cuál de las tres notas fue la menor devolviendo el número de la nota y no su valor, por eso se define como tipo dato String.

Se puede observar que hay 2 métodos que debe hacer evaluaciones de los datos para poder ejecutar las acciones pertinentes, bien a continuación abordaremos el concepto de condiciónelas desde lo básico.

A estas instrucciones que nos permiten evaluar condiciones para tomar decisiones se les denomina <u>Estructuras Condicionales</u>.

Una estructura condicional requiere de una expresión o condición que al ser evaluada arrojará un único valor de verdad que puede ser verdadero (true) o falso (false).

Si la expresión se evalúa como verdadero se ejecutarán las instrucciones que creamos necesarias para dicho caso, de lo contrario esas mismas instrucciones serán ignoradas. Sin embargo, siendo la condición falsa, también podemos establecer la ejecución de otro bloque de instrucciones que alternativamente necesitemos ejecutar en el caso de que la expresión del condicional no sea verdadera.

Por ejemplo, una frase como esta es una instrucción condicional: "Si mañana llueve, entonces me quedaré en casa". En ella vemos que la expresión a evaluar es "si mañana llueve" y la acción a ejecutar si dicha condición es cierta será "me quedaré en casa".

Sin embargo, podemos hacer algo en caso de que la condición sea falsa, por ejemplo: "Si mañana llueve entonces me quedaré en casa, sino iré a clases". Aquí podemos apreciar que se incluye una nueva parte en el condicional ("sino") que indica que se va expresar la acción a realizar cuando la expresión a evaluar sea falsa, que para el ejemplo sería "iré a clases".

Veamos cómo se aplican estos conceptos en términos de programación.

La expresión o condición que se evalúa en una estructura condicional es una expresión booleana, que toma uno y solo uno de dos valores posibles, True o False. Una expresión booleana se construye por medio de operadores relacionales y/o lógicos que se aplican a unos operandos (datos, variables, atributos y funciones del mismo dominio).

Las expresiones lógicas están compuestas de la siguiente manera:

operando1   Operador   operando2

Donde operando1 y operando2 son datos sobre los cuales cae el peso de la comparación y el operador es la operación de la comparación que se ha de hacer.

Tipo de operadores relacionales básicos:

OPERADOR	SIMBOLO

Mayor que	>
Mayor o igual	> =
Menor que	<
Menor o igual	< =
Diferente	!=
Igualdad	= =

Estos son operadores binarios, es decir, necesitan dos operandos que serán los dos datos que ellos han de comparar. Si la expresión es cierta, la expresión booleana retorna el valor true, en caso contrario, asume un valor de false.

Por ejemplo, las siguientes son expresiones booleanas:

a) 3 = = 3;   b) 4+2 < 8;   c) 'A' > = 'B'

Veamos que cada operador requiere dos operandos que se ubican al lado izquierdo y derecho respectivamente. Las expresiones tomarán los siguientes valores de verdad:

a) 3 == 3   verdadero (true)
b) 4+2 < 8   verdadero (true)
c) 'A'> = 'B'   falso (false) por que la letra 'A' tiene un valor Ascci menor que el de la letra 'B'.

Como ejercicio intente determinar el valor de verdad de las siguientes expresiones booleanas:

a) 4*2+1 != 3*3-2
b) 3/2 != 6/4

c) 'm' < 'e'

d) 5 != (3-2)*2

Como es de esperar la expresión booleana también puede estar formada por operadores lógicos.

Un operador lógico no es más que un conectivo que puede comparar (asociar) dos o más expresiones booleanas simples como las anteriores, formando así expresiones booleanas compuestas. Los operadores lógicos requieren como operandos (datos a relacionar o comparar) valores y expresiones booleanas (datos que toman el valor true o false).

Los operadores lógicos en JAVA son los siguientes:

Conector	Símbolo
"Y" Lógico	&&
"O" Lógico	¡¡
Negación Lógica	

A excepción de la negación lógica que es un operador unario (que requiere solo un operando) los demás operadores son binarios (requieren dos operandos) y como se ha dicho estos operandos son datos booleanos (true o false), cada operador lógico posee una tabla de verdad mediante la cual se establece que valor asume al relacionar el o los valores lógicos. Las tablas son las siguientes:
Tabla del &&

Expresión 1	Expresión 2	Expresión 1 && Expresión 2
True	True	True
True	False	False

False	Trae	False
False	False	False

Tabla del ||

Expresión 1	Expresión 2	Expresión 1 || Expresión 2
True	True	True
True	False	True
False	True	True
False	False	False

Tabla de la negación !

Expresión	! Expresión
True	False
False	True

En estas tablas debemos anotar que "Expresión - uno", "Expresión - dos" y "Expresión" representan indistintamente cualquier expresión u operando de tipo booleano y que los operadores se encargan de relacionar por medio de su tabla de verdad los valores correspondiente u operandos, arrojando un único valor de verdad.

Por ejemplo:

(3 == 5) && (2 = =2).
Existen dos expresiones booleanas (3 ==5); (2 == 2).

Debemos evaluar cada una independiente de la otra así:

(3 ==5) es false y (2 == 2) es true. Con estos valores booleanos procedemos a aplicar el operador (False) && (True). Luego buscamos en la tabla de verdad la combinación para el && (donde expresión - uno corresponde a False y expresión - dos a True). Así (False) && (True) = false. Cabe anotar que al ser False la primera expresión y estar conectados por el operador lógico && ya el resultado de la expresión es False sin necesidad de evaluar la segunda expresión.

operando				Operador	operando			valor
(3 == 5)				&&	(2 == 2).			false
operando	operador	operando	valor		operando	operador	operando	valor
3	==	5	false		2	==	2	true

Nótese aquí el uso de paréntesis para indicar el comienzo y finalización de cada expresión booleana.

Miremos ahora este ejemplo:

('A' != 'A') || (3 != 2).
La primera expresión ('A' = 'A') es true. La segunda expresión (3-1 != 2) es false. El O entonces relacionará los valores así: (true) || (false). Dándonos como resultado final el valor true para la expresión booleana planteada.

operando	Operador	operando	valor

				r				
("A"!= "A")				||	(3 != 2).			true
operando	operador	operando	valor		operando	operador	operando	valor
"A"	!=	"A"	false		3	!=	2	true

Trate de desarrollar el valor lógico al ser evaluadas las siguientes expresiones booleanas:

a) (true) ¡¡ (2 != 1) ;
b) ! true ;
c) (3 != 3) && (4-1 < 0);
d) (1>=2) && (2<=1);
e) ! false;
f) ! (true !! false)
g) ('A' !='B') !! (true);
h) !(5 != 5)

Como podemos observar la construcción de expresiones booleanas compuestas requieren el uso de paréntesis. Existe un concepto llamado procedencia de operadores (lógicos y/o relacionales) que es afectada por el uso de los paréntesis. Esta procedencia indica que parte de la expresión booleana compuesta se empieza primero y en qué orden se evalúan las siguientes, así como también se van relacionando cada expresión simple conectada con otras por medio del operador lógico respectivo

Ahora abordaremos el concepto de la evaluación de las expresiones lógicas desde la óptica de la programación de nuestros métodos, existen 3 formas de manejar las estructuras condicionales simples, compuestas y selectivas.

Condicional Simple

Es aquella en la cual se pretende evaluar una expresión de condición y solo se determinan acciones a ejecutar cuando esta condición sea verdadera.

Palabra reservada	(Expresión Condicional)	Por Verdadero
		Instrucción 1 ...
n		

En caso que la expresión sea verdadera al momento de evaluarse se ejecutarán las instrucciones de 1..n , pero en caso de ser falso no ejecutará ninguna.
Estructura condicional simple

```
if  (condición)
{
    instrucciones a ejecutar
};
```

Condicional Compuesto

El condicional también permite evaluar una expresión y determinar las acciones a seguir por verdadero o determinar otras acciones por falso, esto quiere decir que en cualquier caso se ejecutaran acciones.

Palabra	Expresión Condicional	Por Verdadero	instrucción 1...n
		Por Falso	instrucción 1...n

Estructura condicional compuesta

```
if condición
{
    instrucciones a ejecutar por verdadero
}
else
{
    instrucciones a ejecutar por falso;
};
```

Nota: No debe colocarse punto y coma antes del else, esto se debe a la sintaxis del lenguaje.

Veamos la implementación de algunos ejemplos donde los métodos necesitan evaluar ciertas condiciones para poder ejecutarse adecuadamente.

```
Public class Estudiante
{
  private float primeranota;
   private float segundanota;
   private float terceranota;

  public Estudiante() { primeranota =0;segundanota=0;terceranota=0;}
   public void SetNota1(float valnota1) { primeranota =valnota1;}
   public void SetNota2(float valnota2) { segundanota=valnota2;}
   public void SetNota3(float valnota3) { terceranota=valnota3;}
   public float  Getnota1(){ return primeranota;}
   public float Getnota2(){ return segundanota;}
   public float Getnota3(){ return terceranota }
   public float PromedioNota1(){
    return  (Getnota1() * 30)/100; }
```

```java
public float PromedioNota2(){
 return  (Getnota2() * 28)/100; }
public float PromedioNota3(){
 return  (Getnota3() * 42)/100; }
public float CalculaPromedio(){
   return PromedioNota1()+PromedioNota2()+PromedioNota3();
}
public boolean  EvaluaAprobacion(){
  Boolean evalua;
 If ( CalculaPromedio() >=3.5)
     { evalua =true }
 Else { evalua =false;}
reurn evalua;
}


public String Notamenor(){
 String menor;
   if( (Getnota1()<Getnota2())  &&  (Getnota2()<=Getnota3( ) )
     { menor= "primera nota"}
    else
       if ( (Getnota2()<Getnota1()) &&  (Getnota1()<=Getnota3() )
         { menor= "Segunda nota"}
        Else
           if ( (Getnota3()<Getnota2()) &&  (Getnota2()<=Getnota1() )
             { menor= "Tercera nota"}
            Else
             { menor= " no hayuna sola nota menor";}
 return menor;
}
```

};

EvaluarAprobación

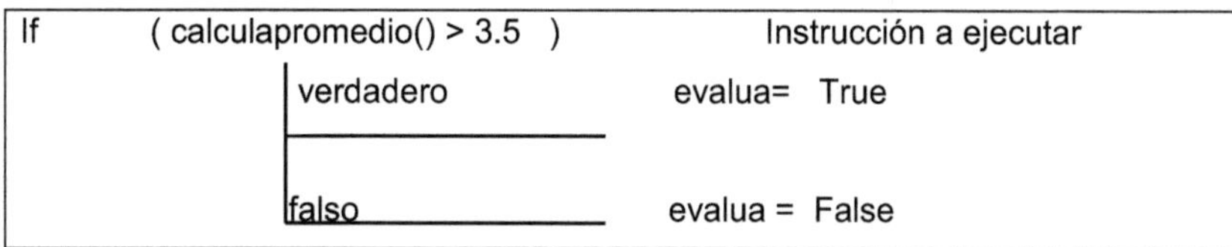

El método EvaluarAprobación debe determinar si el promedio obtenido (CalcularPromedio) es mayor que 3.5 para saber si aprobó o no. Note que devuelve falso o verdadero.

operando	Operador	operando
Calculapromedio()	>	3.5
Verdadero		Falso
Evalua = true		Evalua = false

NotaMenor

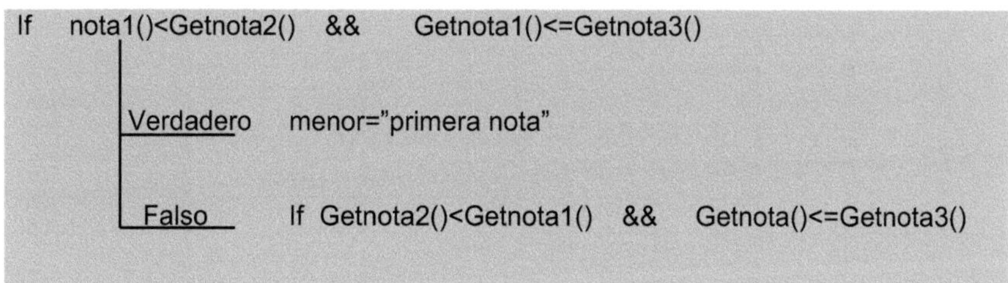

El método NotaMenor es más complejo por lo tanto merece un análisis más detallado debido a que la evaluación debe comprobar varias condiciones. Las condiciones se desglosan así:

<table>
<tr><td colspan="3">operando</td><td>Operador</td><td colspan="3">operando</td></tr>
<tr><td colspan="3">Getnota1()<Getnota2()</td><td>&&</td><td colspan="3">Getnota1()<=Getnota3()</td></tr>
<tr><td>operando</td><td>operador</td><td>operando</td><td></td><td>operando</td><td>operador</td><td>operando</td></tr>
<tr><td>Getnota1()</td><td><</td><td>Getnota2()</td><td></td><td>Getnota1()</td><td><=</td><td>Getnota3()</td></tr>
<tr><td>Verdadero</td><td colspan="6">la acción a ejecutar es menor ="primeranota"</td></tr>
<tr>
<td rowspan="7">Falso</td>
<td colspan="3">Operando</td><td>operador</td><td colspan="2">operando</td>
</tr>
<tr><td colspan="3">Getnota2()<Getnota1()</td><td>&&</td><td colspan="2">Getnota1()<=Getnota()3</td></tr>
<tr><td>operando</td><td>operador</td><td>operando</td><td></td><td>operando</td><td>operador</td><td>operando</td></tr>
<tr><td>Getnota2()</td><td><</td><td>Getnota1()</td><td></td><td>Getnota2()</td><td><=</td><td>Getnota3()</td></tr>
<tr><td>verdadero</td><td colspan="5">la acción a ejecutar es menor ="segundanota"</td></tr>
<tr><td></td><td colspan="2">Operando</td><td>operador</td><td colspan="2">operando</td></tr>
<tr><td></td><td colspan="2">Getnota3()<Getnota1()</td><td>&&</td><td colspan="2">Getnota1()<=Getnota2()</td></tr>
</table>

	falso	operando	operador	operando		operando	operador	operando
		Getnota2()	<	Getnota1()		Getnota2()	<=	Getnota3()
		verdadero	la acción a ejecutar es menor ="terceranota"					
		falso	la acción a ejecutar es menor ="hay más de una nota menor"					

Nótese que la primera condición evalua si la nota uno es la menor, por verdadero ejecuta una acción solamente **menor ="primeranota"**, las demás acciones se dan por que esta condición sea falsa. ahora se efectúa una segunda evaluación que determina si la nota menor es la segunda , por verdadero efectuamos una acción solamente **menor ="segundanota"**, por falso vuele a evaluar otra condición esta vez para determinar si la nota tres es la menor ahora por verdadero se efectúa la acción **menor ="teceranota"** y por falso se ejecuta una acción que da por descontado que haya una sola nota menor **menor ="hay más de una nota menor"**.

1.2 Estructuras Repetitivas

Una de las situaciones más comunes que nos encontramos en el ámbito de la programación, consiste en la necesidad de repetir dentro de un método un conjunto de instrucciones o repetir varias veces la activación de un método. Todo esto se puede realizar utilizando instrucciones repetitivas llamadas ciclos.

Estas estructuras permiten al desarrollador repetir un conjunto de instrucciones el número de veces que sea necesarias, entendiendo que este número de veces se puede conocer o no.

Nota: en ninguno de los casos se debe repetir indefinidamente el conjunto de instrucciones (Ciclos infinitos).

1.2.1 Ciclo for

Este se caracteriza por ejecutar las instrucciones que se encuentran dentro de el, a partir de un dato inicial, con un incremento automático de uno en uno hasta un valor final o sea el número de iteraciones que necesitamos en el problema.

```
for (i=1;i<tamaño;i++)
{
conjunto de instrucciones
}
```

Sintaxis del ciclo for

Estructura

i=1: Donde i es un controlador del ciclo que le inicializa con un valor.

i<tamaño: Expresión que se evalúa automáticamente antes de cada vuelta de ciclo para determinar si repite nuevamente el conjunto de instrucciones teniendo en cuenta si es verdadero el resultado de la evaluación.

i++: Expresión de auto incremento de uno en uno, esto con el objetivo de acercase a un valor false, que determine la parada del ciclo.

Ejemplo: método para mostrar los números del 1 al 10

```
Public String mensaje()

{
 String m;
for (i=1;i<=10;i++)
  {
    m =  " "+i+" ";
  }
Return m;

}
```

iteration	i	Comparison	m
1	1	1 <= 10 true	1
2	2	2<= 10 true	1 2
3	3	3 <= 10 true	1 2 3
4	4	4 <= 10 true	1 2 3 4
5	5	5<= 10 true	1 2 3 4 5
6	6	6<= 10 true	1 2 3 4 5 6
7	7	7<= 10 true	1 2 3 4 5 6 7
8	8	8<= 10 true	1 2 3 4 5 6 7 8
9	9	9<= 10 true	1 2 3 4 5 6 7 8 9
10	10	10<=10 true	1 2 3 4 5 6 7 8 9 10

Obsérvese que la condición de I <= 10 obliga a hacer 10 iteraciones, ¿cuál sería el resultado si la condición de control fuera I < 10?

1.2.2 Ciclo while

Este ciclo tiene como característica que debe cumplirse una condición inicial de entrada (valor booleano true) y se repite el conjunto de instrucciones que se encuadran dentro del mientras esta condición se mantenga en verdadero, esto quiere decir que es función de nosotros determinar dentro del conjunto de instrucciones   definidas dentro del ciclo, una que garantice que en algún momento ese valor booleano true se convierte en false para dar por terminado el ciclo.

Sintaxis del ciclo while

```
While (condicion=true)
{
conjunto de instrucciones
condicion = false
}
```

Estructura del ciclo while

Condición =true: Es una expresión lógica que se argumenta con valor inicial de verdadero porque si no el ciclo no ejecutaría ninguna instrucción que se encuentre dentro de el.

Condición =false: Es una expresión lógica que debe resulta de evaluar alguna de las instrucciones dentro del ciclo y además debe tomar el valor del false en cualquier iteración del ciclo, para garantizar la terminación del ciclo y no convertir el proceso en algo indefinido. Esta puede ser la asignación de un valor determinado, el incremento de un contador o simplemente el resultado de una operación aritmética, asociadas con el operador utilizado en la condición de control del ciclo.

Ejemplo:

Mostrar los primeros números que su suma sea menor o igual a 25

```java
Public String Sumatoria()
{
String s;
  int i=0;
int maximo=25;
 int suma=0;
while(suma<=maximo)
  {
      s= " "+i+" ";
      i++;
      suma=suma+i;
  }
Return s;
  }
```

El resultado seria 0 1 2 3 4 5 6

Análisis

Con valores iniciales i=0, suma=0, maximo =25

Evaluamos suma<=maximo (0<=25)
Como es verdadero guardamos el contenido de i que es 0, incrementamos el valor de i en 1, y a suma asignamos 1

Evaluamos suma<=maximo (1<=25)
Como es verdadero guardamos el contenido de i que es 1
Incrementamos i en 1(i es 2) ; en suma sumamos el 1 que tenía más el valor de i que es 2 (suma 3).
Evaluamos suma<=maximo (3<=25)

Como es verdadero guardamos el contenido de i que es 2

Incrementamos i en 1 (i es 3) ; en suma sumamos el 3 que tenía más el valor de i que es 3 (suma 6).

Evaluamos suma<=maximo (6<=25)

Como es verdadero guardamos el contenido de i que es 3

Incrementamos i en 1 (i es 4) ; en suma sumamos el 6 que tenía más el valor de i que es 4 (suma 10).

Evaluamos suma<=maximo (10<=25)

Como es verdadero guardamos el contenido de i que es 4

Incrementamos i en 1 (i es 5) ; en suma sumamos el 10 que tenía más el valor de i que es 5 (suma 15).

Evaluamos suma<=maximo (15<=25)

Como es verdadero guardamos el contenido de i que es 5

Incrementamos i en 1 (i es 6) ; en suma sumamos el 15 que tenía más el valor de i que es 6 (suma 21).

Evaluamos suma<=maximo (21<=25)

Como es verdadero guardamos el contenido de i que es 6

Incrementamos i en 1 (i es 7) ; en suma sumamos el 21 que tenía más el valor de i que es 7 (suma 28).

Evaluamos suma<máximo (28<=25)

Como es falso termina el ciclo y ninguna de las instrucciones que se encuentran dentro de el se vuelven a ejecutar por ende el 7 no se muestra.

i	suma	máximo	Suma < =máximo		m
0	0	25	0 <= 25	true	0
1	1		1<= 25	true	0 1
2	3		3 <= 25	true	0 1 2
3	6		6 <= 25	true	0 1 2 3
4	10		12<= 25	true	0 1 2 3 4
5	15		15<= 25	true	0 1 2 3 4 5
6	21		21<= 25	true	0 1 2 3 4 5 6
7	28		28<= 25	False termina el ciclo	

Nótese que suma se va incrementando hasta que toma un valor que no cumple con la condición de control del ciclo.

Ejercicios

Desarrolle un método de calcule la siguiente operación matemática

$$\sum_{i=0}^{n} (a+b) - i$$

Diseñe e implemente una clase que permita determinar si un número es par, si es impar y si es primo.

Se tienen dos números "A" y "B" y se quiere saber cuántas veces debe restarse del número "A" el valor de "B" para que la diferencia sea inferior a 100.

Diseñar e implementar en java una clase que tenga los valores de capital que representan el dinero prestado y el interés al cual se entrega el mismo. La clase debe calcular al cabo de cuantos años el cliente se doblará el capital sin retirar ningún dinero

Diseñar e implemente en Java una clase que calcule la suma y el promedio de todos los números comprendidos entre dos valores enteros dados.

Diseñar una calculadora que permita las operaciones básicas entre 2 números suma, resta, división, multiplicación y potenciación, pero internamente solo debe hacer sumas y restas.

```java
public class Calculadora
{
   public int sumar(int num1, int num2)
   {
      return num1 + num2;   }


   public int restar(int num1, int num2)


   {
      return num1 - num2;    }

   public int multiplicacion(int multiplicando, int multiplicador)
   {
      int suma = 0;
      for (int i = 0; i < multiplicador; i++)
      {
         suma = sumar(suma, multiplicando);
      }
      return suma;
   }


   public int division(int dividendo, int divisor)


   {
      int residuo = dividendo;
```

```java
        int cociente = 0;
        while (residuo >= divisor)
        {
            residuo = restar(residuo, divisor);
            cociente++;
        }
        return cociente;
    }

    public int potenciacion(int numero, int potencia)
    {
        int m = 1;
        for (int i = 1; i <= potencia; i++)
        {
            m = multiplicacion(m, numero);
        }
        return m;
    }
}
```

En esta solución no se definen atributos a la clase, y se hace reutilización de los métodos llamándolos dentro de los otros.

En la multiplicación y en la potenciación se usa un ciclo for porque se sabe cuántas veces debe repetirse el proceso de sumar.

En la división no sabemos cuantas veces hay que restarle un número a otro por ende se usa un ciclo while

CAPITULO VII

VII.   INSTANCIA

Hasta ahora nos hemos dedicado a diseñar e implementar clases que son solución a problemas, pero nos embargan unas preguntas

¿Bueno y como se usan esas clases?

¿Si funcionan?

¿Cómo las pruebo?

La instancia de una clase es su materialización, quiere decir es medio por el cual podemos utilizar todos los métodos que se diseñaron e implementaron en ella.

Para definir una instancia de la clase, lo cual es crear una o varias referencias a la clase lo hacemos a través de nombres o identificadores que definimos, como lo haríamos en la definición de atributos por ejemplo el atributo sueldo se define como entero así: int sueldo;

- Para definir una instancia seguimos la misma regla:

Estudiante alumno;

Donde Estudiante es la clase que está definida e implementada y alumno es la instancia de la clase.

- Para crear la instancia alumno es necesario que se le asigne un espacio a ella, de la siguiente manera:

-

alumno= new Estudiante();

Donde new es una palabra reservada de java que permite crear el espacio de memoria para la instancia.

Hay que tener en cuenta que en java cuando se crea la instancia

- Utilizar o hacer el llamado de los métodos es de la siguiente forma

alumno.metodo(parametros);

Cuando los métodos devuelven valores debemos guardar los valores que devuelven en variables previamente definidas:

float promedio;
promedio = alumno.calculapromedio();

Veamos con la clase calculadora como queda:
Int resultado;
Calculadora Micalculadora;
Micalculadora= New Calculadora();
Resultado= Micalculadora.sumar(3,5);

Análisis

1. Definimos la instancia Micalculadora de tipo de clase Calculadora.
2. Creamos la instancia con new, nótese que el constructor no ejecuta instrucción alguna ni tampoco recibe valores como parámetros.

3. A la variable Resultado le asignamos el resultado de las operaciones que realiza el método sumar pasándole como parámetros los números 3 y 5, luego resultado tendría el valor 8.

Podríamos hacer llamado de los otros métodos así

Resultado= Micalculadora.Restar(8,5);

Resultado= Micalculadora.division(15,3);

Resultado= Micalculadora.Multiplicacion(3,5);

Resultado= Micalculadora.Potenciacion(2,5);

Al utilizar la misma varia llamada resultado, cada vez que se active un método esta actualizara el valor según la operación realizada

Después de analizar cómo se usan las clases a través de su instancia al lector le pueden embargar otras preguntas como: ¿Dónde escribo el código que define y crea las instancias? ¿Por qué se dan valores directamente o es que no se pueden ser definidos por el usuario?

Para responder la primera pregunta lo que se debe realizar es crear una clase en java que implemente el siguiente método:

```java
public static void main(String args[])
```

Escribiendo dentro del código correspondiente a la definición de la instancia y al llamado de los métodos respectivos.

Ejemplo de uso de la clase Calculadora

```java
import java.io.*;
```

```
class Principal
{
public static void main(String args[])
{
Int Resultado;
Calculadora Micalculadora;
Micalculadora= New Calculadora();
Resultado= Micalculadora.sumar(3,5);
   System.out.println(Resultado);
 }
}
```

Nota: observe que encabezado incluye la instrucción import java.io.*;
Esto es para poder utilizar las clases de entrada y salida. Además, la instrucción
System.out.println se usa para mostrar por pantalla el resultado de cualquier
operación o para mostrar mensajes al usuario.

```
import java.io.*;
public class CalculadoraBasica {
   public static void main(String[] args) {
     int num1=0,num2=0,Resultado;
     Calculadora Micalculadora;
     Micalculadora= new Calculadora();
     Resultado= Micalculadora.sumar(3,5);
     BufferedReader       Tecla       =       new       BufferedReader(new
InputStreamReader(System.in));
     try {
       System.out.print("Digite el numero 1      :");
       num1 =Integer.parseInt(Tecla.readLine());
```

```java
            System.out.print("Digite el numero 2        :");
        num2 =Integer.parseInt(Tecla.readLine());
     } catch (IOException varerror) {System.out.println("Error");}

    Resultado = Micalculadora.sumar(num1,num2);
    System.out.println("el resultasdo es  "+Resultado);
    Resultado = Micalculadora.restar(num1,num2);
    System.out.println("el resultasdo es  "+Resultado);
    if (num2!=0) {
      Resultado = Micalculadora.division(num1,num2);
      System.out.println("el resultasdo es  "+Resultado);
     }
     Resultado = Micalculadora.multiplicacion(num1,num2);
     System.out.println("el resultasdo es  "+Resultado);
  }
}
```

Análisis

La instrucción

```java
try {
}catch
```

Permite capturar algún error ocurrido al escribir los datos y evitamos que se bloquee el programa cuando estemos cargando datos desde el teclado.

```java
BufferedReader      Tecla      =      new      BufferedReader(new
InputStreamReader(System.in));
```

En esta instrucción se crea una instancia de la clase bufferedReader que java tiene implementada llamada tecla la cual es capaz de leer caracteres desde el teclado.

Tecla.readLine(). Se hace un llamado al método readline que permite leer una línea de caracteres por pantalla y guardarla en los atributos donde se asigne.

Integer.parseInt   Convierte la cadena leída en datos enteros y este valor convertido debe asignarse a un dato de tipo integer.

Todo esto se debe realizar dado que en java lo que se captura son cadenas de caracteres y debemos hacer las conversiones a sus valores numéricos correspondientes.

Ejercicios

Un banco de la ciudad necesita implementar una aplicación e que permita manejar la información de una cuenta de un cliente teniendo en cuenta los siguientes aspectos

- Debe manejar el nombre la dirección el correo y el teléfono del cliente
- Manejar el saldo actual de la cuenta
- Debe poder hacer consignaciones, guardando el valor y la fecha
- Manejar retiros validando que no puede hacer un retiro mayor del saldo de la cuenta y no puede dejar el saldo en 0

La tienda de computadores comptk.com necesita una aplicación para el control de ventas de sus equipos, la tienda tiene unos descuentos planteados así;

- Portátiles 15% del valor por unidad
- Desktop 9 % por unidad
- Impresoras 20% por unidad
- 5 % por compra de mouse, teclados y otros dispositivos

- La aplicación deberá calcular el monto que debe pagar un cliente dependiendo de los elementos que compre, además debe saber cuál es el valor que fue descontado en dicha compra

La oficina de recursos Humanos de la Universidad de Córdoba desea contratar una aplicación que permita calcular la nómina de cada empleado teniendo en cuenta su salario base, los descuentos generados por salud y pensión (4% salud y 3% pensión) , si el trabajador devenga entre 3 y 5 salarios mínimos legales ($890000) deberá descontarse el valor a pagar en retención en la fuente (6%), si devenga más de 5 salarios mínimos el descuento de 12%. Todo trabajador que devengue más de 10 salarios mínimo deberá descontar un aporte de solidaridad social del1.5%.

La aplicación debe mostrar todos los descuentos generados el salario base del trabajador y el neto a pagar.

Ahora implementamos un proyecto completo con la clase Calculadora utilizando el IDE NetBeans.

Áreas del editor

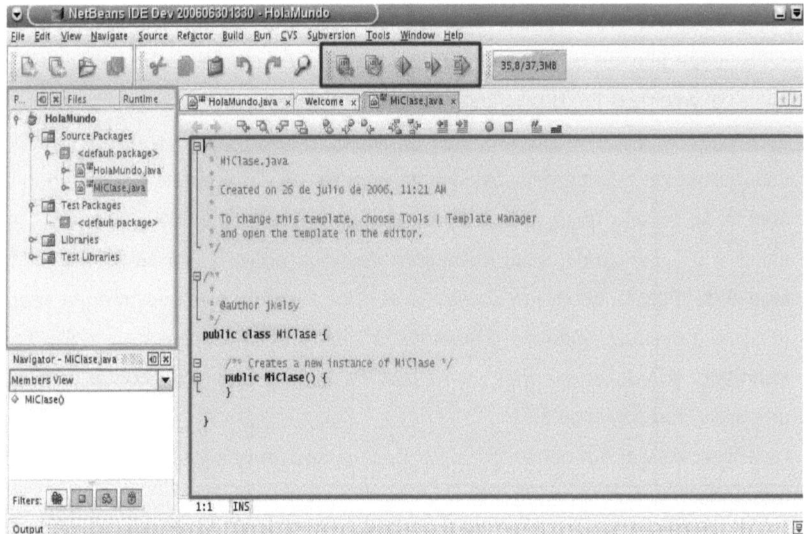

El recuadro pequeño que contiene las flechas ubicado en la parte superior es donde se encuentran las opciones para compilar y ejecutar la aplicación.

El recuadro mediano ubicado en la zona izquierda es donde encontramos los archivos que contiene el proyecto HolaMundo. Aquí se encuentra la lista de clases que tiene el proyecto, en este caso contiene la clase principal del proyecto llamada HolaMundo.java y otra clase creada que se llama Miclase.java, recuerde que debe crear un archivo para cada clase como se indicó anteriormente

El recuadro del grande del centro, es el área de edición del código fuente del programa, donde podremos escribir y modificar el código de cada una de las clases creadas.
Para iniciar creamos un proyecto seleccionando la opcion en el menu File

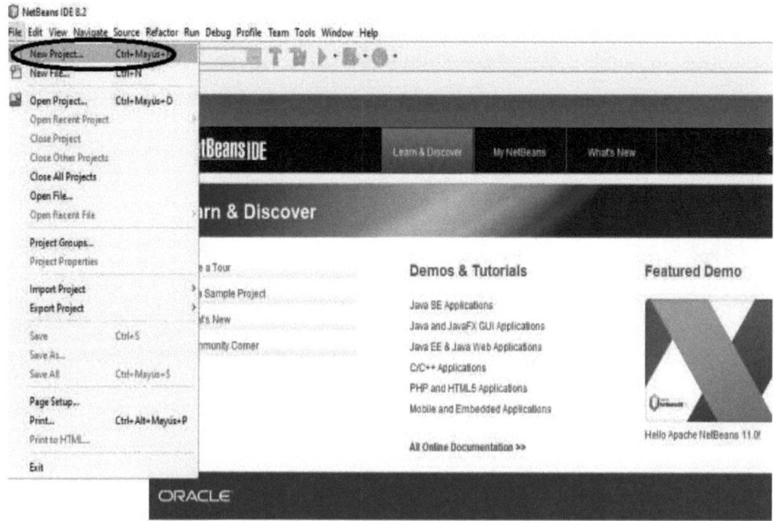

Debemos determinar el tipo de aplicacion que vamos a desarrollar en este caso seleccionamos una aplicacion java

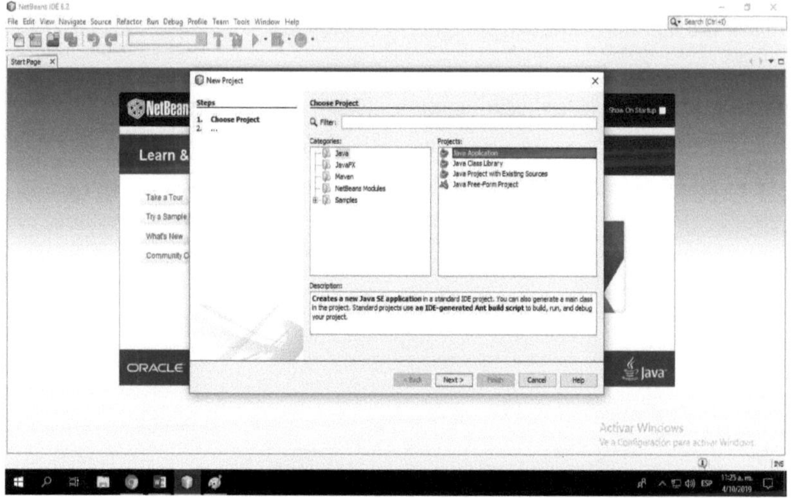

Definimos el nombre que le daremos al proyecto, hay que observar que se va a crear una clase con el mismo nombre del proyecto dicha clase sera la que contendra el metodo Public static void main.

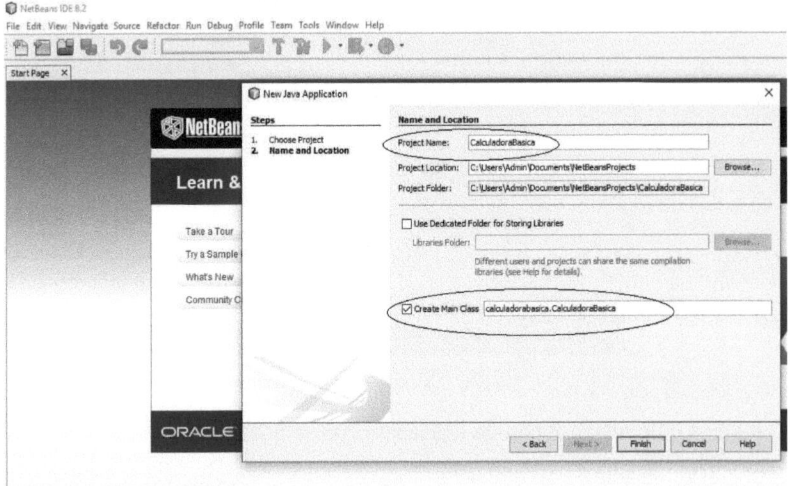

Al dar finalizar nos muestra: el nombre del proyecto CalculadoraBasica y dentro de el la carperta

Source Packages : en esta carpeta debemos crear todas las clases que necesitemos en el proyeto, aca parece la clase que se creo con el proyecto CalculadoraBasica.java que contiene el metodo **main**

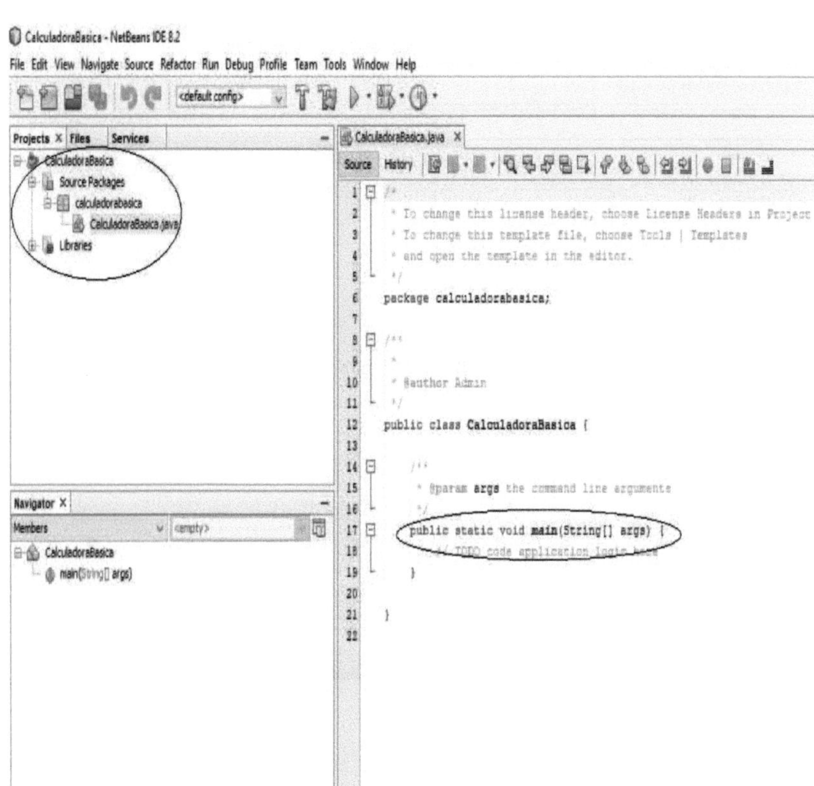

Para crear una nueva clase dentro del Proyecto se ubica en la carpeta del Proyecto, se presiona el botón derecho del mouse y del menú desplegable se escoge new, seguido aparece un nuevo menú y se selecciona java class

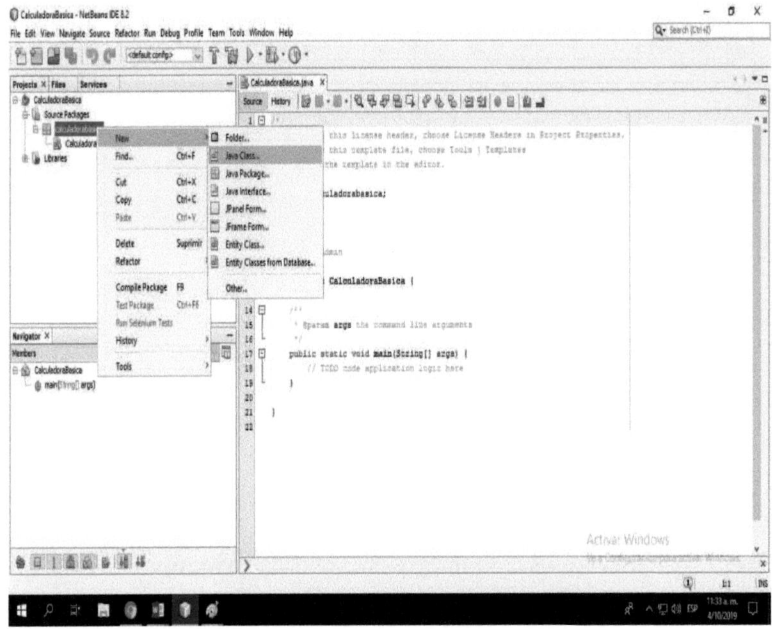

Nos pide el nombre que le queremos dar a la clase y crea la clase dentro del proyecto

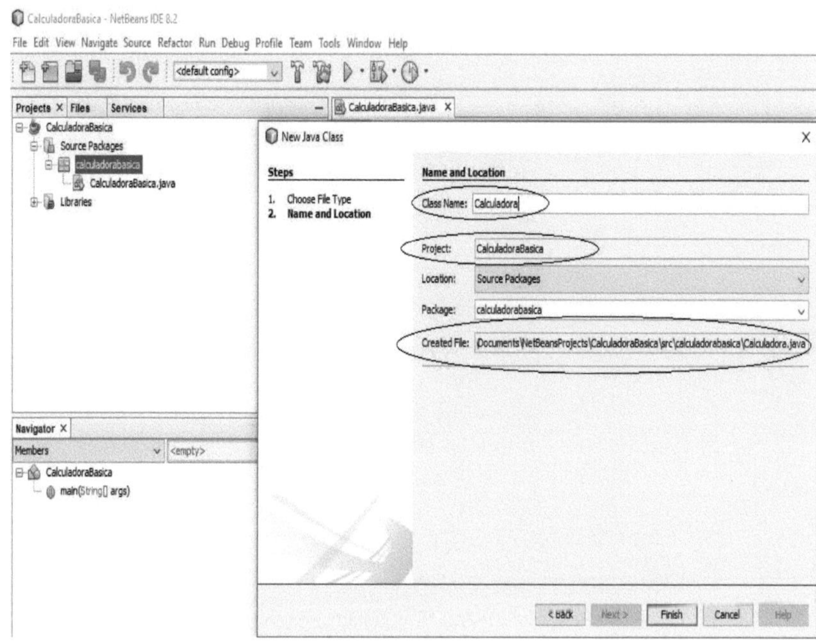

Se crea la clase calculadora, y dentro de esta clase comenzamos a digitar el código que corresponde a los atributos y métodos de la clase que ya témenos diseñada.

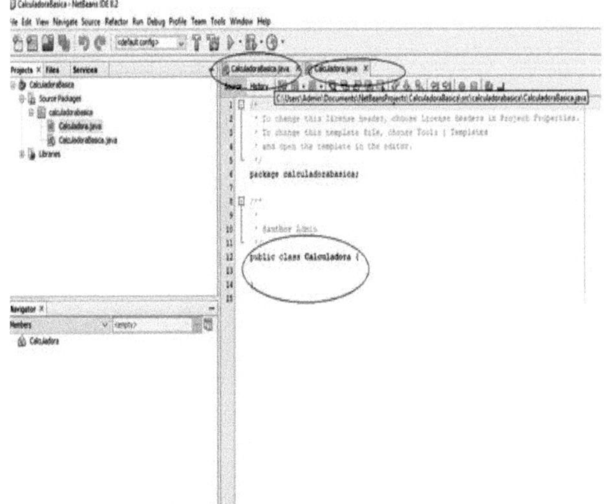

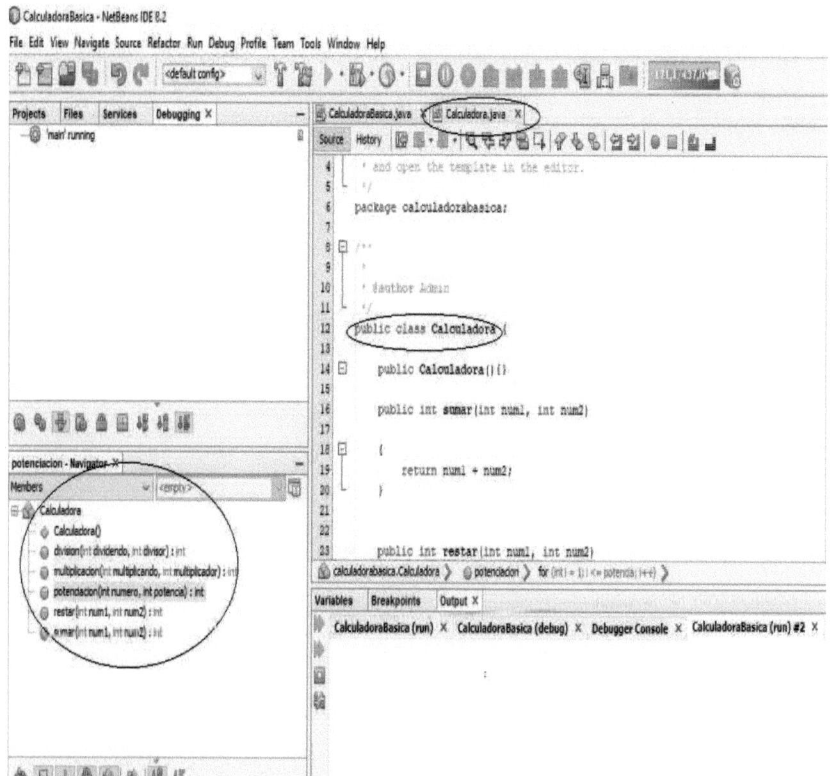

A medida que vamos escribiendo los atributos y métodos de la clase estos van apareciendo como miembros de la clase.

Para crear la instancia seleccionamos   de la clase del Proyecto, en este caso CalculadoraBasica,java y definimos la instancia de la clase y el llamado de los métodos.

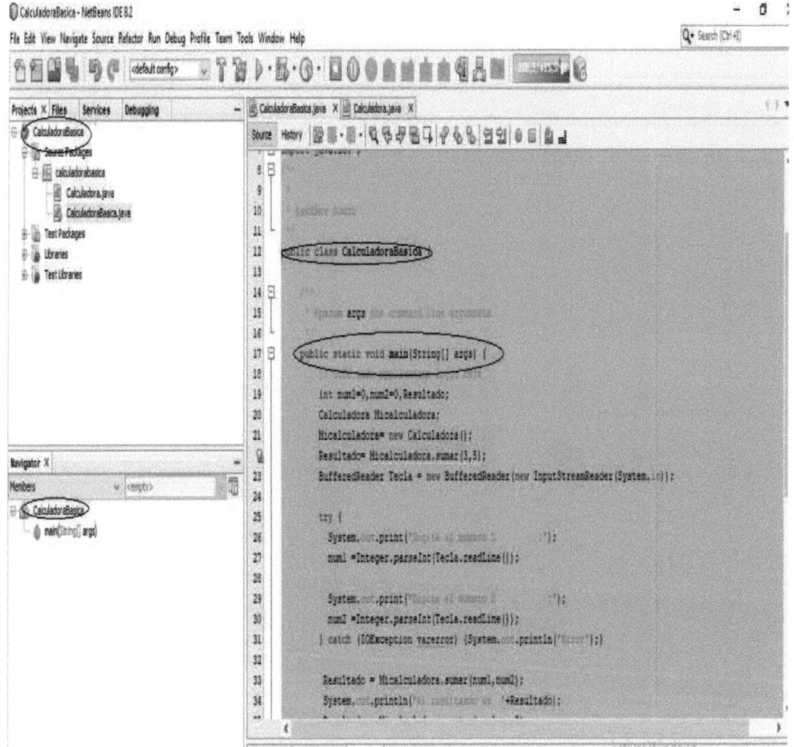

Para probar corremos el programa seleccionando el botón run

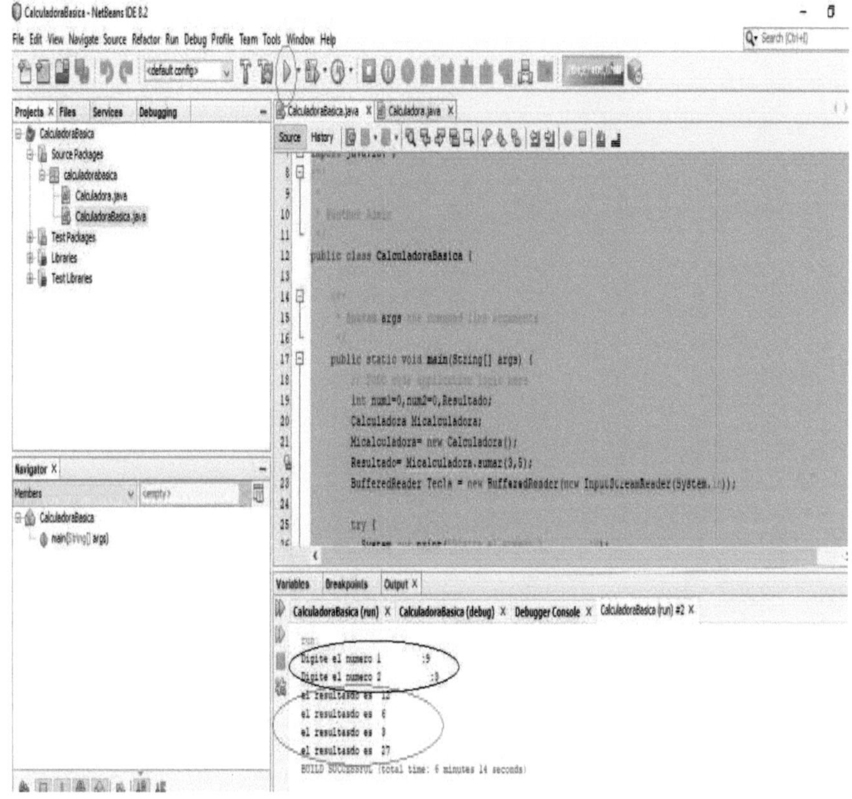

CAPITULO VIII

VIII.   EXPERIMENTACIÓN Y RESULTADOS

En este capítulo se describirá la metodología experimental utilizada y los resultados, con el propósito de validar la metodología propuesta basada en el enfoque orientado a objetos.

8.1. Metodología experimental

En esta sección se describe el diseño experimental, los instrumentos y las técnicas de análisis de datos utilizados. El análisis de datos utilizado en el presente trabajo es de tipo cuantitativo.

8.1.1. Diseño experimental

El diseño de investigación utilizado es de tipo experimental con pre-test y post-test en grupos control y experimental. En este tipo de diseños experimentales se manipula deliberadamente por lo menos una variable independiente para observar su efecto sobre una o varias variables dependientes. De igual forma, los individuos son asignados de forma aleatoria en los grupos (Montgomery, 2013). El propósito del experimento es observar el efecto del uso de la metodología basada en el enfoque orientado a objetos en el rendimiento académico de los estudiantes del grupo experimental. Frente a esto se define a la metodología de enseñanza como variable independiente y el rendimiento académico como variable dependiente.

8.1.2. Tamaño de la muestra

El número de estudiantes por grupo se calculó usando las curvas características de operación que permiten calcular el valor de n (Montgomery y Runger, 2010).

Para un nivel de significancia de 0,05, con el fin de detectar una diferencia entre los promedios igual a media desviación estándar ($\frac{1}{2}\sigma$) con probabilidad igual a 0,9 (una potencia de la prueba igual a 0,85), el valor del tamaño de muestra obtenido por grupo es $n \geq 20$.

8.1.3. Selección de la muestra

Por razones de logística y por definición de grupos del programa de Ingeniería de Sistemas de la universidad de Córdoba, se escogió un grupo en la sede de Sahagún y otro grupo en la sede central. Este tipo de muestra es de carácter no probabilísticos (Scharager y Reyes, 2001), debido a que se toman los grupos intactos, es decir, se escogen los que han sido asignados por la planificación del calendario académico de la universidad para el primer semestre de 2020.

8.2. Descripción de las experiencias de clases

- *Unidad de aprendizaje*

La unidad de aprendizaje desarrollada en el experimento es diseño de clases orientada a objetos

Para ambos grupos se programó la actividad sobre diseño de clases. El pre-test tuvo una duración de 45 minutos. Las sesiones de clase utilizando la metodología de enseñanza tradicional y la metodología aplicando el enfoque orientado a objetos con una duración (h horas en n sesiones de clases). El post-test tuvo una duración de 60 minutos. En la Figura 1 se puede apreciar la distribución de los grupos con sus respectivas actividades.

Grupo control

El docente planifica y desarrolla una clase magistral, donde hace explicaciones y ejemplos del tema a tratar en la sesión. Al finalizar la sesión deja una serie de ejercicios que revisara en la siguiente sesión.

Grupo Experimental

El docente diseña una serie de ejercicios, y comienza la sesión con el desarrollo individual de estos ejercicios, con el fin de estimular el desarrollo del conocimiento individual. Seguidamente presenta un ejercicio que es desarrollado de manera grupal (3 estudiantes) lo cual permite un debate de ideas entre los estudiantes logrando un consenso en la solución del ejercicio planteado.

Después se hace una socialización de las soluciones planteadas con la participación de los estudiantes y la aclaración conceptual por parte del profesor. Al finalizar la sesión se dejan planteado los conceptos a tratar en la siguientes sesión y los estudiantes deben participar aclarando dudas con el docente a través de la plataforma virtual, esto antes de la siguiente sesión.

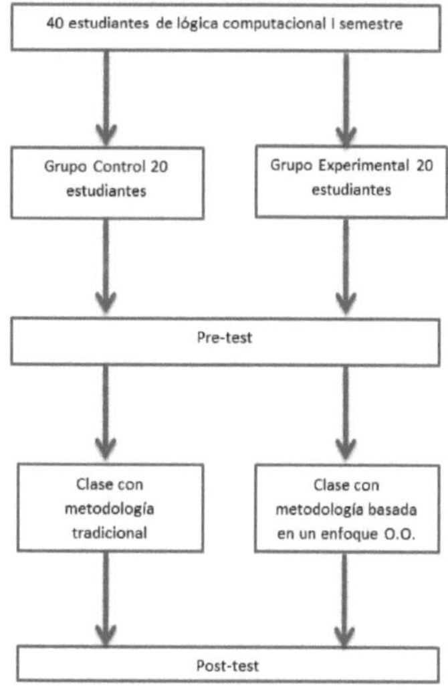

Figura 1. Flujo para el experimento

8.3. Análisis del pre-test

Una vez realizado el pre-test, se procedió a realizar la prueba de normalidad de los datos de los grupos control y experimental.

8.3.1. Pre-test grupo control

Se pretende analizar los resultados de diversas pruebas realizadas para determinar si Grupo_Control puede modelarse adecuadamente con una distribución normal. La prueba de Shapiro-Wilk está basada en la comparación de los cuartiles de la distribución normal ajustada a los datos.

Tabla 1. Pruebas de Normalidad para Grupo_Control

Prueba	Estadístico	Valor-P
Estadístico W de Shapiro-Wilk	0,949566	0,372237

Debido a que el valor-P más pequeño de las pruebas realizadas es mayor ó igual a 0,05, no se puede rechazar la idea de que Grupo_Control proviene de una distribución normal con 95% de confianza. En la tabla 1 y figura 2, se puede apreciar los resultados.

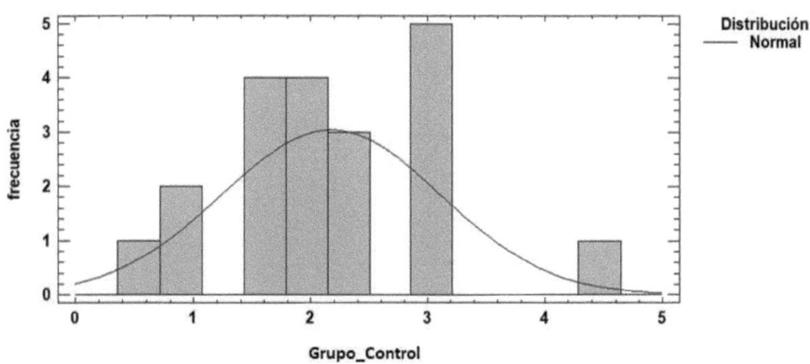

Figura 2. Prueba de normalidad en el pre-test para el grupo control

8.3.2. Pre-test grupo experimental

Tabla 2. Pruebas de Normalidad para Grupo_Experimental

Prueba	Estadístico	Valor-P
Estadístico W de Shapiro-Wilk	0,935672	0,208976

Debido a que el valor-P más pequeño de las pruebas realizadas es mayor ó igual a 0,05, no se puede rechazar la idea de que Grupo_Experimental proviene de una distribución normal con 95% de confianza. En la tabla 2 y figura 3, se puede apreciar los resultados.

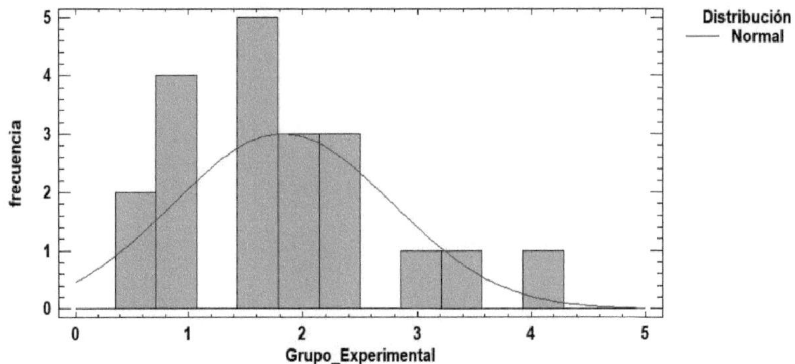

Figura 3. Prueba de normalidad en el pre-test para el grupo experimental

8.3.3. Comparación del grupo control Vs grupo experimental en el pre-test

A continuación se hace una prueba T de comparación de medias, para determinar si existe equivalencia inicial entre el grupo control y el grupo experimental. En la tabla 3 y figuras 4 y 5 se aprecian los resultados.

Tabla 3. Resumen Estadístico del pre-test

	Grupo_Control	Grupo_Experimental
Recuento	20	20
Promedio	2,175	1,825
Desviación Estándar	0,935766	0,949723
Coeficiente de Variación	43,0237%	52,0396%
Mínimo	0,5	0,5
Máximo	4,5	4,0
Rango	4,0	3,5
Sesgo Estandarizado	0,818686	1,30613
Curtosis Estandarizada	0,560898	0,0808011

Comparación de Medias

Intervalos de confianza del 95,0% para la media de Grupo_Control: 2,175 +/- 0,437953   [1,73705; 2,61295]

Intervalos de confianza del 95,0% para la media de Grupo_Experimental: 1,825 +/- 0,444485   [1,38052; 2,26948]

Intervalos de confianza del 95,0% intervalo de confianza para la diferencia de medias

   suponiendo varianzas iguales: 0,35 +/- 0,603534   [-0,253534; 0,953534]

Prueba t para comparar medias

   Hipótesis nula: media1 = media2

   Hipótesis Alt.: media1 <> media2

     suponiendo varianzas iguales: t = 1,17398   valor-P = 0,247707

   No se rechaza la hipótesis nula para alfa = 0,05.

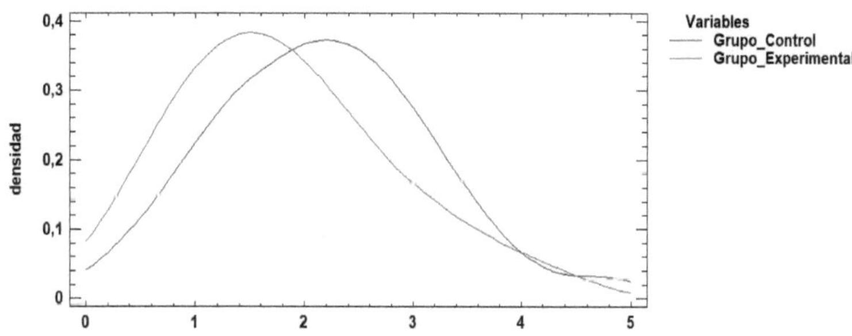

Figura 4. Traza de densidad del grupo control y experimental

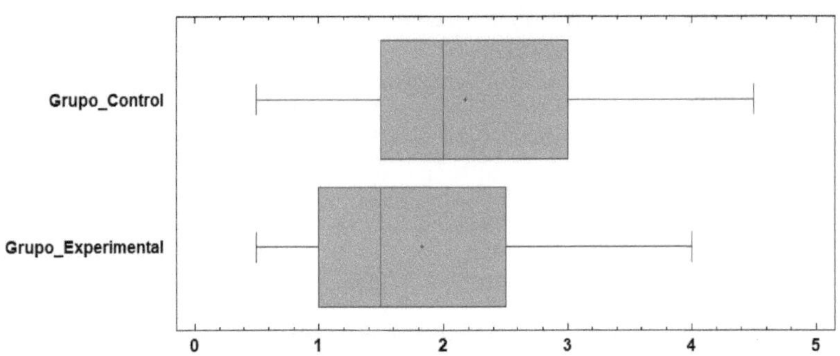

Figura 5. Cajas y bigotes grupos control y experimental

De interés particular es el intervalo de confianza para la diferencia entre las medias, el cual se extiende desde -0,253534 hasta 0,953534. Puesto que el intervalo contiene el valor de 0, no hay diferencia significativa entre las medias de las dos muestras de datos, con un nivel de confianza del 95,0%.

Se usó una prueba-t para evaluar hipótesis específicas acerca de la diferencia entre las medias de las poblaciones de las cuales provienen las dos muestras. En este caso, la prueba se ha construido para determinar si la diferencia entre las dos medias es igual a 0,0 versus la hipótesis alterna de que la diferencia no es igual a 0,0. Puesto que el valor-P calculado no es menor que 0,05, no se puede rechazar la hipótesis nula. En otros términos significa que existe equivalencia inicial en los promedios de los grupos control y experimental, esto permite continuar con el desarrollo de las experiencias de aprendizaje.

8.4. Análisis del post-test para grupos control y experimental

De igual forma que se hizo con el pre-test, en el pos-test se realizan pruebas de normalidad para los grupos control y experimental

8.4.1. Pos-test grupo control

Debido a que el valor-P más pequeño de las pruebas realizadas es menor a 0,05, se puede rechazar la idea de que Grupo_Control proviene de una distribución normal con 95% de confianza. En la tabla 4 y figura 6, se pueden apreciar los resultados.

Tabla 4. Pruebas de Normalidad para Grupo_Control en el pos-test

Prueba	Estadístico	Valor-P
Estadístico W de Shapiro-Wilk	0,884251	0,020789 9

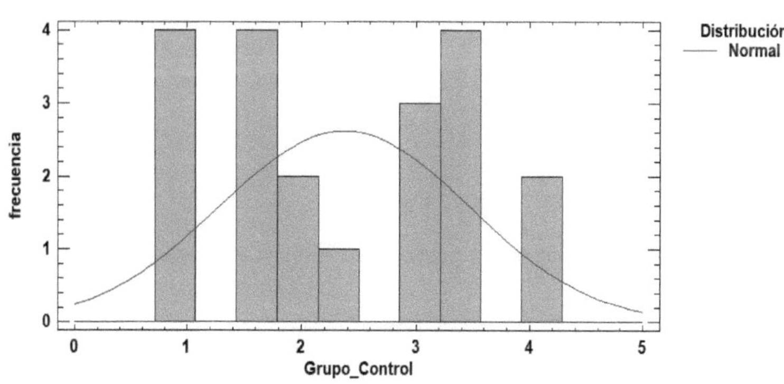

Figura 6. Prueba de normalidad grupo control pos-test

8.4.2. Pos-test grupo Experimental

Debido a que el valor-P más pequeño de las pruebas realizadas es mayor ó igual a 0,05, no se puede rechazar la idea de que Grupo_Experimental proviene de una distribución normal con 95% de confianza. En la tabla 4 y figura 7, se pueden apreciar los resultados.

Tabla 5. Pruebas de Normalidad para Grupo_Experimental

Prueba	Estadístico	Valor-P
Estadístico W de Shapiro-Wilk	0,937644	0,227448

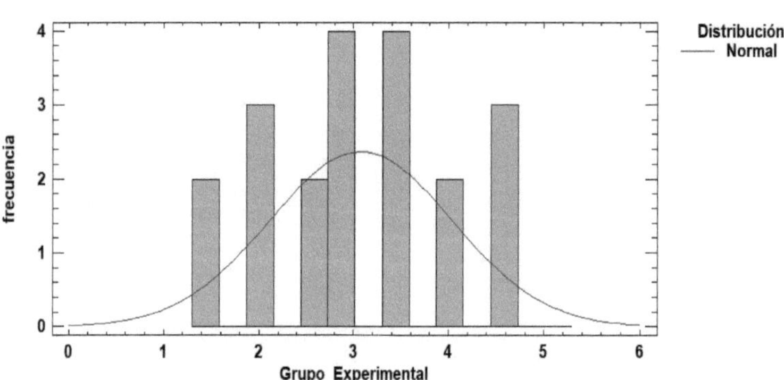

Figura 7. Prueba de normalidad grupo experimental pos-test

8.4.3. Comparación del grupo control Vs grupo experimental en el pos-test

A continuación se hace una prueba T de comparación de medias, para determinar si existe diferencia significativa entre el grupo control y el grupo experimental. En la tabla 6, figuras 8 y 9 se aprecian los resultados.

Tabla 6 Resumen Estadístico pos-test

	Grupo_Control	Grupo_Experimental
Recuento	20	20
Promedio	2,375	3,075
Desviación Estándar	1,0867	0,963478
Coeficiente de Variación	45,7559%	31,3326%
Mínimo	1,0	1,5
Máximo	4,0	4,5
Rango	3,0	3,0
Sesgo Estandarizado	0,152096	-0,161382
Curtosis Estandarizada	-1,45791	-0,896979

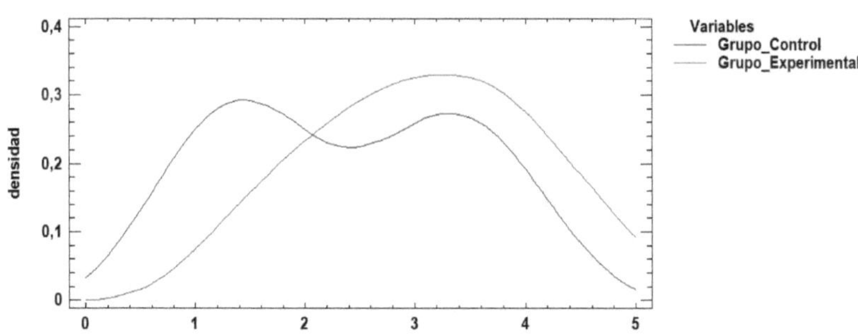

Figura 8. Traza de densidad del grupo control y experimental en el pos-test

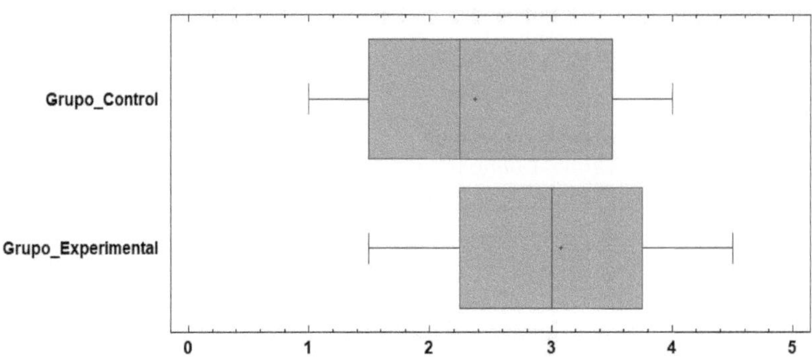

Figura 9. Cajas y bigotes grupos control y experimental en el pos-test

Comparación de Medias
Intervalos de confianza del 95,0% para la media de Grupo_Control: 2,375 +/- 0,508593 [1,86641; 2,88359]
Intervalos de confianza del 95,0% para la media de Grupo_Experimental: 3,075 +/- 0,450922 [2,62408; 3,52592]
Intervalos de confianza del 95,0% intervalo de confianza para la diferencia de medias
   Suponiendo varianzas iguales: -0,7 +/- 0,657417 [-1,35742; -0,042583]

<u>Prueba t para comparar medias</u>
   Hipótesis nula: media1 = media2
   Hipótesis Alt.: media1 <> media2
     suponiendo varianzas iguales: t = -2,15553   valor-P = 0,0375186
   Se rechaza la hipótesis nula para alfa = 0,05.

De interés particular es el intervalo de confianza para la diferencia entre las medias, el cual se extiende desde -1,35742 hasta -0,042583. Puesto que el intervalo no contiene el valor 0, existe una diferencia estadísticamente significativa entre las medias de las dos muestras, con un nivel de confianza del 95,0%.

Se utilizó la prueba-t para evaluar hipótesis específicas acerca de la diferencia entre las medias de las poblaciones de las cuales provienen las dos muestras. En este caso, la prueba se ha construido para determinar si la diferencia entre las dos medias es igual a 0,0 versus la hipótesis alterna de que la diferencia no es igual a 0,0. Puesto que el valor-P calculado es menor que 0,05, se puede rechazar la hipótesis nula en favor de la alterna.

En otras palabras quiere decir que el grupo experimental tuvo mejores resultados que el grupo control.

8.5. Conclusiones

En la fase de experimentación y resultados se pudo evidenciar que la metodología con enfoque orientada a objetos, permite a los estudiantes tener un mejor desempeño académico. Se evidencio diferencias significativas en el promedio del grupo experimental vs el grupo control, lo que quiere decir que la metodología con enfoque orientada a objetos permite a los estudiantes de lógica computacional aprender de mejor forma los fundamentos de esta asignatura. Sin embargo es importante señalar que para fines de mayor confiabilidad, escalar esta experimentación a otros grupos del próximo semestre y así poder generar resultados concluyentes.

Por otra parte en el proceso de aplicación de la metodología de introducir al estudiante en el aprendizaje de la lógica computacional, se observó que el diseño de clases como principio de la solución de un problema computacional le da al estudiante una visión global del problema lo que le permite plantear una mejor relación **problema- solución.**

El abordaje de los conceptos básicos de programación y el uso de los elementos estructurales de un lenguaje de programación permiten que el estudiante se familiarice con los conceptos de desarrollo de software sin tener que abordar temas de la ingeniería de software y hace que concentre más en el diseño de la solución.

Para el aprovechamiento de la esta metodología se hace necesario tener una dinámica al momento de implementar las clases, lo cual requiere una participación activa del estudiante ya sea de manera presencial o utilizando las herramientas virtuales que se tengan al alcance.

Por último y no menos importante se logró que el estudiante se interese y ambiente de manera fácil en las técnicas de programación, lo cual es esencial en la formación como ingeniero de sistemas.

IX.   REFERENCIAS

Scharager, J., & Reyes, P. (2001). Muestreo no probabilístico. Metodología de la investigación para las ciencias sociales. Santiago de Chile: Pontificia Universidad Católica de Chile.

Montgomery, D. C., & Runger, G. C. (2010). Applied statistics and probability for engineers. John Wiley & Sons.

CORREA, Guillermo. Desarrollo de algoritmo y sus aplicaciones en Basic, Pascal, Cobol y C. McGraw Hill, 1977.

MULLER, Pierre Alain, Modelado de objetos con UML. Eyroles Gestión 2000.

KAM, Weis. HAMIY, Hein. Programación orientada a objetos con turbo C++. Megabite, Omega editores.

SANCHEZ ALLENDE, Jesús. Java 2 iniciación y referencia. McGraw Hill 2005.

SCHILT, Helbert. Java 2 Manual de referencia. McGraw Hill 2001.

DEITEL,Paul, JAVA Como Programar.Pearson Prentice Hall 2004.

Dupuy, J. C., Linares-Langloys, M., Piro, R., Fiammante, M., Menguy, E., & Boeuf, P. (2003). U.S. Patent No. 6,523,171. Washington, DC: U.S. Patent and Trademark Office.

White, G., & Sivitanides, M. (2005). Cognitive differences between procedural programming and object oriented programming. Information Technology and management, 6(4), 333-350.

Chatzigeorgiou, A., & Stephanides, G. (2002, June). Evaluating performance and power of object-oriented vs. procedural programming in embedded processors. In International Conference on Reliable Software Technologies (pp. 65-75). Springer, Berlin, Heidelberg.

Ishida, T., Sasaki, Y., & Fukuhara, Y. (1991, February). Use of procedural programming languages for controlling production systems. In [1991] Proceedings. The Seventh IEEE Conference on Artificial Intelligence Application (Vol. 1, pp. 71-75). IEEE.

Madsen, O. L., Møller-Pedersen, B., & Nygaard, K. (1993). Object-oriented programming in the BETA programming language. Addison-Wesley.

Buy your books fast and straightforward online - at one of world's fastest growing online book stores! Environmentally sound due to Print-on-Demand technologies.

Buy your books online at
www.morebooks.shop

¡Compre sus libros rápido y directo en internet, en una de las librerías en línea con mayor crecimiento en el mundo! Producción que protege el medio ambiente a través de las tecnologías de impresión bajo demanda.

Compre sus libros online en
www.morebooks.shop

KS OmniScriptum Publishing
Brivibas gatve 197
LV-1039 Riga, Latvia
Telefax: +371 686 204 55

info@omniscriptum.com
www.omniscriptum.com

Printed by Books on Demand GmbH, Norderstedt / Germany